YUANMINGYUAN ZHONG DE NIAO

# 圆明园中的鸟

吴 彤/著

长江出版传媒 | 长江少年儿童出版社

**图书在版编目（CIP）数据**

圆明园中的鸟 / 吴彤著. — 武汉：长江少年儿童
出版社，2021.5
　　ISBN 978-7-5721-0607-1

　　Ⅰ.①圆… Ⅱ.①吴… Ⅲ.①鸟类－介绍－北京
Ⅳ.①Q959.708

中国版本图书馆CIP数据核字(2021)第027502号


**出 品 人：** 何　龙
**责任编辑：** 傅　簏　罗　曼

**出版发行：** 长江少年儿童出版社
**业务电话：** (027) 87679174　(027) 87679195
**网　　址：** http://www.hbcp.com.cn
**电子邮件：** hbcp@vip.sina.com
**承 印 厂：** 武汉新鸿业印务有限公司
**经　　销：** 新华书店湖北发行所
**印　　张：** 19
**印　　次：** 2021年5月第1版，2021年5月第1次印刷
**规　　格：** 680毫米×980 毫米
**开　　本：** 16开
**书　　号：** ISBN 978-7-5721-0607-1
**定　　价：** 72.00 元

本书如有印装质量问题　可向承印厂调换

# 序

## 观鸟可见品位

这是一本有关观鸟的图书。鸟类是数量仅次于鱼类的第二大脊椎动物类群，它在三叠纪由一些小型四脚滑翔的初龙类演化而来。观鸟的地点在北京西北部的海淀区，具体讲为清华大学校园和圆明园。圆明园在北五环南侧、清华大学西侧、北京大学北侧、中央党校东侧。

本书作者是北京的呼和少布教授，让我想起青海的扎西桑俄堪布。

扎西桑俄，藏族，青海省果洛藏族自治州久治县白玉寺一名喇嘛，热衷于观鸟、绘鸟和生态保护，被当地民众称呼为"鸟喇嘛"。中国的观鸟爱好者和环保人士没有不知道扎西桑俄的。他也是我非常敬佩的人物，他的事迹为新时代环境保护提供了一个极好的案例，2013年7月13日在青海年保玉则鄂木措营地我终于见到了他。

呼和少布，蒙古族，清华大学吴彤教授的蒙古族名字，专业领域是科学技术哲学。但我估计几乎没有人知道他的蒙古族名字，以及"少布"本身就是"鸟"的意思。吴彤观鸟、拍鸟、画鸟在科技哲学圈子里名气很大，可谓无人不知无人不晓。

吴彤毕业于北京师范大学物理系（本科）和哲学系（硕士），接着在内蒙古大学哲学系任教，后来调到清华大学任教。因吴老师早期研究相变、自组织和复杂性，而我早期关注着浑沌、分形等，两者内容高度相关，因此很早我们就认识了。1996年还一同为山东教育出版社的"新视野丛书"写过书，吴老师写了《生长的旋律：自组织演化的科学》，我写了《浑沌之旅：科学与文化》。吴教授后来主要致力于"科学实践哲学"研究，追随者众，还主持了相关的国家社科基金重大项目。比较而言，大家虽然知道，并经常目击吴教授观鸟，但追随者不多，至少在小圈子里如此，我猜想，普通人可能很难体会到吴教授观鸟的乐趣和意义。我之所以敢这么说，是因为我的个人经历与吴教授有相似之处，只不过我喜欢的是植物。一段时间不看鸟，吴教授会感觉不大舒服，他会想着法去看鸟，利用一切可能的机会！对于我，把"鸟"换成"植物"就是了。相同点是都喜欢观察、拍摄，为此都"浪费"了大把时间，但我不会画画，因此还差了一大块。

喇嘛观鸟画鸟、哲学教授观鸟画鸟，说的都不是主业，但是谁能否认其副业、业余爱好与主业没有某种关联呢？我曾故弄玄虚，放言"看花就是做哲学"，也许对于吴老师便是"观鸟就是做哲学"。吴老师比我厚道、稳重，未必认同这般挑衅性的表述。当然，我也不会当真，经常被人问起"搞哲学为何喜欢某某"，用这样怪异的表述可以应付一下追问。不过，有一点是肯定的，与理性、抽象、理论、论证打交道的哲学工作者，未必要拒斥二分法的另一面：感性、具体、经验、信仰。其实，中外哲学史可以证明，哲学从来不是只靠二分法的一侧滚动前行的，哲学也永远不可能还原为二分法的某一侧。

爱祖国、爱家乡、爱自然，既虚又实。弄不好，会很虚，说得多做得少，流于口号。但也可以变得很具体、很实在。说"观鸟是爱国"，一定会遭到嘲笑，但两者确有一丝联系。造一个句子："一位观鸟者的爱国言论，可能更具可信性。"那么看外国鸟是爱哪个国？我相信会有人这样抬杠，不需要专门回应，退一万步，观鸟可令人在乎"盖娅共同体"（Gaia community）。通过观鸟、看花这样的具体行为，可以获得非同寻常的人生体验，也会间接加深"认知"。认知，在哲学上一般通过认识论来讨论，但是近代以来，认识论受笛卡儿影响过大，在一定程度上表现出狭隘、画地为牢的倾向。波兰尼（Michael Polanyi）的个人致知理论、胡塞尔（Edmund Husserl）的欧洲科学危机理论、布鲁尔（David Bloor）的科学知识社会学（SSK）和拉图尔（Bruno Latour）的政治生态学等对此倾向有所缓解，但仍然难以撼动哲学界之积习。由认知到价值和行动，还隔着"休谟之叉"，但无可否认，实际中的认知与价值交织在一起，狭义的认知合取上一定的辅助假说，便会导出一定的行动建议。

观鸟看花，从来不是单纯的玩物赏物，必然同时关注着生境、生态。鸟是一大类生命，如同植物是一大类生命一般，前者有9700多种，后者有30多万种。它们均非孤立地生存于地球之上，一方水土养一方"人"，对于"鸟"也是一样的。全球的人类，均属于一个"种"（species），黑尾腊嘴雀、普通翠鸟就占了两个"种"！一对一进行比较时，选腊嘴雀（Eophona）还是翠鸟（Alcedo）？腊嘴雀属和翠鸟属本身都包含许多个"种"。理论上，多看一"种"鸟，就相当于多看一"种"人！多多观鸟，大概有助于破除人类中心论的思维定式，而非人类中心的观念可能有助于天人系统的可持续生存。

这部图书不是鸟类学专著，也不是鸟类科普书，那它属于什么类型的图书呢？吴教授在题记中说："我希望以更人文的笔触记录、描绘我看到的、欣赏的鸟儿，而不是一种纯粹鸟类博物学的方式，仅仅记录它们属于什么科，什么属，什么目。因为鸟类不仅给我们以鸟类的认知、美感的愉悦，更给我们一种意义，一种生命多样性的感动。鸟儿就像来自另一个世界的使者，它们能够遨游蓝天，冲破地面引力的束缚，领略天空的广阔与别样。"吴教授暗示，此书也不是博物图书。不过，我觉得它仍然处于博物学的范畴，它与张华的《鹪鹩赋》、怀特的《塞耳彭博物志》、巴勒斯的《醒来的森林》、格雷的《鸟的魅力》、莫斯的《丛中鸟》等性质是一样的，而世界上没有人否认它们是博物学作品，也没有人否认他们是博物学家。

博物学在中国正在复兴，包括一阶层面和二阶层面。前者直接由经济基础决定，中国开始步入小康社会，一阶博物的兴起是顺理成章的事情，在全世界还没有例外。英国是近现代博物学最为发达的国度，因为它经济相对发达、最先完成启蒙。二阶博物兴盛与否偶然性很大，涉及某地学界的旨趣。最近一段时间，二阶博物在中国讨论得也越来越多，但是给人的印象是，学者和主编们理解的博物范围依然很窄，更多是从科学史、科普、科学文化的角度想起、触及博物学的，学人对二阶博物学的关注也更侧重与博物活动相关的探险、征服、掠夺、扩张等方面。当然，这些是博物学的重要组成部分，不是全部，或许也不是当下对我们改进"生活世界"面貌最重要的方面，按环境史家沃斯特的划分，那些不过是帝国型博物，而不是阿卡迪亚型博物。哪类更有趣、更重要？依个人喜好而定。但是，对于公众而言、对于生态文明建设而言，显然阿卡迪亚型更重要，怀特、梭罗、缪尔、巴勒斯、卡森、狄勒德等都是这类博物的杰出代表，而中国学人对此关注不够。我想，吴彤教授也属于这个类型。

吴教授以第一人称讲述的鸟故事，可以见证蒙古族汉子的诚恳、正直、细心、坚持和品位。

品位？对，最重要的是品位！

吴彤在中国自然辩证法研究会仍然担任要职，也盼望吴教授的具体行动、个人魅力能间接促进这个学术组织走出新路：抛弃"智力军备竞赛"的缺省配置，从以科学技术为中心转向以美好、可持续生存为中心，具体一点，比如将STS扩展到STSE，E指生态、环境；或者将STS变为NSTS，其中N指大自然。"自然辩证法"的关键词现在是科学技术，希望回归到大自然，以及人与自然的和谐共生。

北京大学哲学系教授

2020年6月5日写于北京肖家河

# 推荐语

　　鸟类世界是个多彩的世界，非常值得人们去驻足欣赏，可惜许多人却从未关注过它。对鸟儿视而不见、听而不闻，甚至有意无意加以伤害。本书让我们看到，一位研究哲学的大学教授——吴彤（呼和少布）先生，悄悄地走近了鸟的世界，用眼睛、用耳朵、用心灵去触摸鸟儿的身影。多年的坚持，他始终基于一个信念：尽量不去打扰身边鸟类的正常生活，用平常之心去遇见和拜访这些飞羽精灵。在他的内心深处，人与鸟类等生灵是平等的，期盼着和鸟儿共享蓝天，盼望着能享受到城市随处有鸟的绿色生态。

　　吴彤先生用摄影、绘画和文字，记录和描绘了清华园和圆明园86种鸟类的丰富生活，并著书出版与大家分享这种感受。从中我们可以欣赏到他热爱鸟类的情怀、观察鸟类的心得、鸟类行为的解读、哲学层面的思考和跨越学科的遐想。

　　如果我们学会了观鸟，会有和吴彤先生一样的乃至更多的心灵感受。读了吴彤先生的这本书，我们会领悟到，观察鸟类的活动，不仅仅是一项鸟类学家纯粹的科学行为，它更多的是民间观鸟者运用科学、自然历史与文化的深度自然体验。

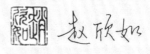

赵欣如

2020年11月30日

写于北京师范大学

读吴彤的鸟故事，让人想起吉尔伯特·怀特笔下塞耳彭的草木鸟兽。吴彤居北京，却有怀特那般忘机的天真意趣，心远地自偏，昔日皇家园林成为他归隐的乡间。

他爱鸟，他观鸟，他拍鸟，他画鸟，他写鸟……他要通过观察鸟，享受自然、愉悦和美，发现生命的意义。他画的鸟尤其让我着迷，它们不是呆板的鸟类图谱，而是他观得的、拍得的众多鸟类照片里最生动的那一帧，再以艺术的方式，将"这一只"的动态、神韵定格升华，展现于纸上。

吴彤跟鸟有缘，他的蒙古名"呼和少布"，意为青色的鸟。按中国古代神话，青鸟本为王母娘娘的信使，后人将它视为传递幸福佳音的使者。吴彤通过他的镜头、画笔、键盘，让一个个鸟故事跳脱而出，在这个日新月异的时代，给我们带来心灵的安宁与富足，这不就是给我们传递幸福吗？！

——秦颖（肖像摄影家 自然爱好者）

# 题记

凤凰鸣矣，于彼高冈。梧桐生矣，于彼朝阳。

——《诗经·大雅·卷阿》

清华园内有一校友立的纪念石，名曰："凤舞青桐"。本书原想起名为"凤舞青桐"，后来发现这个书名太文绉绉的，于是有了现在的这个书名——《圆明园中的鸟》，但"凤舞青桐"仍然反映了我与鸟的缘分。我想以这个名称，用摄影的方式记录在清华园*、圆明园看到鸟儿飞舞、停泊、嬉戏和生活的故事。

"凤舞青桐"与我和鸟有什么故事呢？

第一，我的民族是蒙古族，我有一个蒙古族名字叫"呼和少布"，简称"呼和"。"呼和"汉语含义是青色的意思，"少布"汉语的意思是"鸟儿"。由于我父亲给我起名不久，原来绥远省归绥市，正好改名为内蒙古的呼和浩特市（青城），我的名字部分重复于它，所以父亲又给我起了汉名为"吴彤"，机缘巧合，吴彤与梧桐谐音。中国梧桐为青桐。小时候，甚至长大了，亲人和其他人，经常拿我的名字说笑，什么"没有梧桐树，哪引凤凰来"？而更有甚者，还

---

* 清华园原为圆明园"长春园"的一部分。

有人经常拿李清照的词说我的名字"梧桐更兼细雨"。呼和加吴彤，恰好是青桐。所以用"青桐"寓意是我对于两个园子里的鸟儿的记录。而"少布"这一与鸟儿相关的名字，怎么也想不到会与日后喜欢拍摄鸟类有关。

第二，凤是百鸟之王，有百鸟朝凤一说。取其意，可以寓意为，我在清华园—圆明园观鸟、拍鸟也差不多百余种。借"凤舞青桐"，寓意近年来清华园、圆明园生态环境改善，大量的鸟儿栖居和路过于此，被人们观赏、记录。反过来看，这些鸟儿也提高了人们关于鸟类博物学的认知，让人们知道鸟类与我们同在一个蓝天下、一个生活圈。保护鸟类也是人类义不容辞的责任。

第三，我希望以更人文的笔触记录、描绘我看到的、欣赏的鸟儿，而不是一种纯粹鸟类博物学的方式，仅仅记录它们属于什么科、什么属、什么目。因为鸟类不仅给我们以鸟类的认知、美感的愉悦，更给我们一种意义、一种生命多样性的感动。鸟儿就像来自另一个世界的使者，它们能够遨游蓝天，冲破地面引力的束缚，领略天空的广阔与别样。再者，中国古代花鸟画有文人画与院体画两种区分，后一种更准确、清晰，前一种更写意、洒脱。我希望我的绘鸟介于两者之间。既有真实感，又不拘泥于标本性质的博物标识。

大部分关于鸟的故事中间我都会画一幅鸟，与我拍摄的鸟类照片（除非注明，否则均为作者拍摄）相互映衬。故事有长有短，或长或短，并不拘泥于一定长度。

2020年6月5日写于清华园

# 鸟体各部位名称

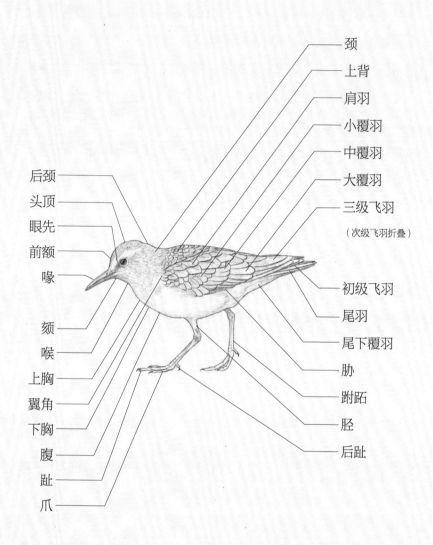

颈

上背

肩羽

小覆羽

中覆羽

大覆羽

三级飞羽

（次级飞羽折叠）

初级飞羽

尾羽

尾下覆羽

胁

跗跖

胫

后趾

后颈

头顶

眼先

前额

喙

颏

喉

上胸

翼角

下胸

腹

趾

爪

全身

眼圈
上喙
下喙
喉中线
腭线

顶冠纹
侧冠纹
眉纹
贯眼纹
后颈
耳羽
颊纹

**头部**

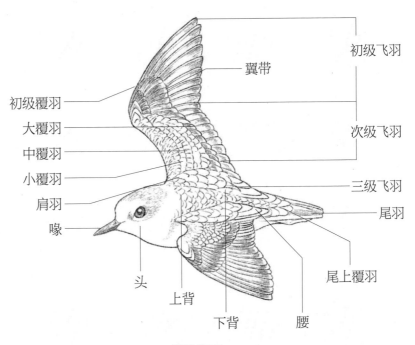

初级覆羽
大覆羽
中覆羽
小覆羽
肩羽
喙

翼带

初级飞羽
次级飞羽
三级飞羽
尾羽
尾上覆羽

头
上背
下背
腰

**翅膀背面**

与鸟儿相遇 ▶▶

# 目录

黑天鹅在长大过程中练习飞行

# 黑天鹅及其子女们

　　我是清华大学一位从事科学哲学研究的教授，在关注科学哲学和"科技与社会"之余，很喜欢摄影，特别是鸟类摄影。虽然很早就喜欢摄影，但是爱上拍鸟要从黑天鹅落户圆明园说起。2008年，一对黑天鹅来到圆明园，由于在冬天，圆明园的狮子林旁边的湖里有一片不冻水，这一对黑天鹅从此就在圆明园落户了。此后，它们每年繁殖后代（每年两次），已经十多年了，最老的"大黑"（雄性黑天鹅）已经去世，后来从动物园引入的"二黑"（雄性）也被大黑的后代打败，但是那只雌性的黑天鹅妈妈一直都在努力抚养自己的娃娃。黑天鹅妈妈的大多数后代都在长大到三四个月时，被它努力地赶飞去其他地方（一种说法是，它需要继续繁殖后代，怕哥哥姐姐啄咬刚刚出生的小天鹅。更可能的解释是，从物种利益考虑，希望把基因传播得更远，占据更广阔的生态环境），估计北京地区有很多公园的湖里都有它的后代了。它的后代也都各自有子孙后代。所以说起来，第一代落户圆明园的黑天鹅至少也是爷爷奶奶辈的了。为此，圆明园还为这对黑天鹅立了雕塑。黑天鹅（拉丁名：*Cygnus atratus*，英文名：Black Swan）是鸭科天鹅属的鸟类。虽然它们原属地为澳大利亚，但是现在已经成为本地鸟种

圆明园里的黑天鹅雕塑

了。奇怪的是，我手头上的两个鸟类图鉴，竟然没有关于黑天鹅的记载。

黑天鹅的爱情故事很浪漫，它们先是交颈戏水，而后相互厮磨，雌性黑天鹅慢慢下沉，雄性黑天鹅骑在雌性黑天鹅背上，咬颈、交配、长啸，完成全过程需要十多分钟。过后几日，雌性黑天鹅就会产卵几枚（最多时有6枚），经过差不多一个月的交互孵化，小黑天鹅就诞生了。黑天鹅仍然保持着南半球的习惯，到北半球时，总是大约在冬季或春季孵化小黑天鹅（南半球的夏季），结果，这里的小黑天鹅很挨冻。自从黑天鹅落户圆明园，就成为圆明园的一张名片，每逢小黑天鹅诞生，以及小黑天鹅长大要飞翔的时候，总有大批摄影爱好者前来拍摄、观鸟，非常热闹。一篇配图短文只能截取其中几个片段一展黑天鹅的风采……

·交颈相互厮磨（左上图，摄于圆明园）
·咬颈交配（左中图，摄于圆明园）
·小黑天鹅在妈妈身上，黑天鹅妈妈带着小天鹅巡湖（左下图，摄于圆明园）
·长大的四小黑天鹅（右上图，摄于圆明园）
·练习飞翔的小黑天鹅，准备离开啦（右下图，摄于圆明园）

色彩斑斓的翠鸟

# 色彩斑斓的普通翠鸟

翠鸟科有斑头大翠鸟、普通翠鸟、三趾翠鸟以及各种翡翠鸟和冠鱼狗等。北京地区据说有3属5种。我在圆明园里看到的翠鸟，有普通翠鸟和斑头大翠鸟两种，大部分时间看到的是普通翠鸟。普通翠鸟（拉丁名：*Alcedo atthis*，英文名：Common Kingfisher）属于翠鸟科翠鸟属，它是一种小型的、色彩绚烂的翠鸟。我们这里只说说普通翠鸟。

翠鸟很神奇，长长的喙，翠绿色的羽毛上好像镶嵌着宝石，飞行时贴着水面。翠鸟最美的时刻是冲入水中前或从水里抓鱼出来那一刻。唐代诗人钱起曾经以诗《衔鱼翠鸟》描绘这一时刻：

有意莲叶间，瞥然下高树。

掣波得潜鱼，一点翠光去。

这一过程快若电光石火，稍纵即逝。翠鸟真的是静如处子，动若脱兔，而这首诗词描绘翠鸟入水捕鱼的过程也非常贴切。我只拍摄到翠鸟准备入水前的飞行姿态。

·翠鸟准备飞入水中抓鱼（左上图，摄于圆明园）
·在一个地方落了四只翠鸟（右上图，摄于圆明园）
·等待拍摄翠鸟的观鸟人（左下图，摄于圆明园）

　　圆明园的翠鸟如果是单只，还是比较怕人的，需要离得比较远拍摄它。每年六七月，圆明园的翠鸟就会繁殖出几只小翠鸟。这时，它们会在比较固定的地点练习捕鱼或捕食小虾等。而在此时，有观鸟的摄影爱好者发现了它们的行踪，就会引来更多人，把长枪短炮的相机支在翠鸟出没的地方等待它们的到来。

　　我在圆明园和清华园多次拍摄到翠鸟，最神奇的一次是在荷塘里看到翠鸟落在莲蓬上，可惜照片太多，居然找不到了，有点遗憾。只能在自己的博客上看到这张照片。

　　后来连续几天，在圆明园狮子林湖面上的枯树枝头，常常不定时地飞来几只翠鸟。小翠鸟落在枝头，冲入水中，想要捕鱼，但几次都失败了。母翠鸟在旁看着，一会儿冲入水中，叼一条小鱼上来，落在枯枝上，但它并不急于喂雏，而是等着……

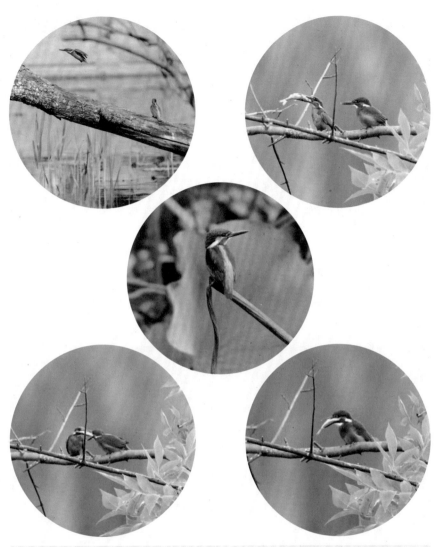

· 翠鸟落在树干上，等待抓鱼（左上图，摄于圆明园）
· 翠鸟妈妈训练小翠鸟捕鱼（右上图，摄于圆明园）
· 落在荷叶梗上等待捉鱼的翠鸟 （中图，摄于圆明园）
· 翠鸟喂雏（左下图，摄于圆明园）
· 小翠鸟也把小鱼甩来甩去（右下图，摄于圆明园）

到小翠鸟实在捞不着鱼了，翠鸟妈妈才鼓励一下小翠鸟。动物界的训练，不用语言，只是榜样。拍着翠鸟喂雏这一刻，让我感动！再后来，翠鸟妈妈叼来小鱼，并不急于喂给小翠鸟，而是在枝头上不停地用喙叼住小鱼甩来甩去，然后才喂给小翠鸟。而一旁的小翠鸟居然也不像昨日那样一下子吞下鱼儿，而是同样在嘴里把鱼儿甩来甩去。翠鸟妈妈是有意的呢，还是一种本能，抑或这只是在向小翠鸟炫耀一下？而且这天的"本能"为何与前一日的"本能"不一样呢？如果翠鸟是有意识的，是有意训练小翠鸟的，那么它如何控制这种训练的进度呢？这些都是一个谜。不过在拍摄实践中，通过观察，的确可以看到这种训练的进步。我不自觉地把这一观察与我做的科学实践哲学的认知实践联系起来了。

后面又发现几张翠鸟照片，其中有落在莲蓬上的，还有"飞版"的翠鸟。

"飞版"的翠鸟（摄于圆明园）

落在莲蓬上的翠鸟（摄于圆明园）

戴胜喂雏后飞离

# 头戴羽冠的戴胜

在清华园和圆明园我常常看到一种长相很特别的鸟，它就是戴胜。戴胜（拉丁名：*Upupa epops*，英文名：Eurasian Hoopoe）很独特，它单科属，是独生子，属于戴胜目戴胜科戴胜属。戴胜，体长约30厘米，比麻雀大两倍左右，色彩鲜明，头戴羽冠，身披花斑道服，像一个道人，又像一个头戴羽冠的斯巴达骑士。唐代诗人贾岛的《题戴胜》诗句形容戴胜很形象："星点花冠道士衣，紫阳宫女化身飞。能传上界春消息，若到蓬山莫放归。"它飞起来的样子也比较特别，是那种一扇一扇的样子。每扇一次翅膀，就会飘一段。戴胜在民间又叫"臭姑鸪"，是指它的叫声"咕咕"，而且戴胜不收拾自己的窝，有了小雏后，也不清理鸟粪，窝里臭臭的。但我想，这也许是戴胜的一种生存策略呢，臭，就不会有其他鸟类和小动物愿意光顾了吧？我曾经多次追踪它的踪影，从夏天到冬天，很多时候是偶遇，戴胜给了我这个观鸟人很多小故事。

我看过很多高手拍摄的戴胜照片，大多数都是戴胜喂雏的照片，戴胜在树洞前或它的窝前的空中停留的瞬间，超长的喙叼着虫子，而树洞或其他样式的窝里的小戴胜也张开大嘴等待着，这种照片的拍摄需要很高的技能与顶级的设备，另外也需要背景很干净的环境，以及很好的天气状况。我的摄影技能还达不到这种水平。

我先以图绘的形式放一张戴胜喂雏后飞走的彩铅水彩画，见开篇图。

这次我将讲两个戴胜的小故事，一个是它欺负小麻雀的故事，一个是它受到松鼠的欺负保卫自己的温馨小窝的故事。

2015年11月下旬的一个冬天，我在圆明园散步，那天刚下完雪，突然看到一群麻雀和一只戴胜落在一处突起的雪坡上觅食。我赶快拿起相机抢拍，心中还在自言自语，你看麻雀和戴胜多和谐啊！一起觅食。这心中的话还没落地儿，突然看到戴胜用它超长的喙去啄一只很靠近它的小麻雀，小麻雀应该很痛，叫得很惨。原来，戴胜也是很厉害的。戴胜与麻雀争夺食物，这是我第一次看到并且记录下来。其实，戴胜混杂在麻雀群里，容易隐蔽。另外，麻雀相当于哨兵，人一来，麻雀一群一飞，戴胜可以不必自己边觅食，边警觉地抬头看。这应该是一种临时的共生关系，但是轮到吃食了，戴胜却不让小麻雀。这狠狠地一啄，让我对由戴胜的美学意义所带来的好感降低了些许。

雪中的戴胜（摄于圆明园）

戴胜在雪中觅食时啄小麻雀（摄于圆明园）

戴胜啄小麻雀，小麻雀在尖叫（摄于圆明园）

第二个故事是戴胜保卫家园的故事。在圆明园一处湖边的树上，戴胜已经有了自己的一个小窝，这几天总有鸟友来此看看戴胜，因为两只戴胜总是不时地回来，向小窝里输送食物（各种小虫）。我也过来等候着，这时，看到戴胜怒发冲冠起来，一般戴胜总是在它警觉的时候头冠才张扬起来。不一会儿，一只棕黑色的松鼠蹿了上来，就快要到达戴胜小窝边上了，戴胜本来飞落在上面的树枝上，这时它勇敢地掠过松鼠的头顶，用边翅扇了一下松鼠，想是戴胜飞击松鼠，并且想以自己的身体吸引松鼠的注意。这一招很奏效，松鼠越过小窝，直接扑向大戴胜，戴胜飞到更高的树枝上，松鼠被引开了。戴胜的窝一般都很臭，所以人们给戴胜起了俗名——臭姑鸪。估计这个窝的臭味也是戴胜保护后代的一种策略。加上大戴胜的勇敢，最终保护了它的窝，以及窝里可能正在成长的小戴胜。后来我多次到这棵树下等候戴胜，过了近二十天的时间，小窝里陆续飞出好几只小戴胜。我想要不是当初老戴胜的勇敢和努力，这窝里的小戴胜早就夭折了。物竞天择，母性对后代的保护真值得钦佩。

警觉的戴胜怒发冲冠，它一定是发现了什么
（摄于圆明园）

一只松鼠来了，戴胜在保卫自己的家园
（摄于圆明园）

戴胜是如何吃食物的呢？一次拍摄的过程，让我观察到了戴胜吃东西的方法与过程。

由于戴胜的喙太长，它长长的喙像一把镐头，可以从草丛或地里翻出虫子或种子，然后先叼在喙的尖端，聪明的它就像杂技演员一样把食物抛向空中，再张大嘴，让食物落在嘴边，然后吃掉它。

· 落地的戴胜，准备找东西吃，但很警觉，鸟冠竖起来了（上图，摄于清华园）
· 叼着东西的戴胜（中图，摄于清华园）
· 把东西送入口的戴胜（下图，摄于清华园）

老麻雀在批评小麻雀

# 麻雀的趣事儿

　　麻雀（拉丁名：*Passer montanus*，英文名：Tree Sparrow）是最常见的、分布最广的鸟。人们以为麻雀就一种，其实麻雀也是一个大家族，不仅种群数量巨大，而且也有家麻雀、山麻雀、黑胸麻雀等不同的种类。麻雀常常成群结队地飞行、觅食。有时，燕雀、金翅雀等也与麻雀混群，一起觅食。麻雀也是进化最成功的鸟类。当然，麻雀也曾经遭到一场劫难。20世纪50年代，麻雀被认定为"四害"之一。记得我小的时候，就曾经历过打麻雀的"运动"。什么是"打麻雀的运动"呢？就是某一天或几天，大家在同一时刻，敲锣打鼓，挥舞旗帜，鸣放鞭炮，把麻雀轰得没有地方落下来，最后飞不动了，落地而死。

　　我在圆明园和清华园很少去拍摄麻雀。只有当麻雀落在荷叶或莲蓬上才偶尔把镜头投给麻雀。麻雀是我们身边最常见的鸟儿，我们给它们的关注却太少了，这不正如我们常常不把关心首先投射给我们最亲的人一样吗？

　　有一次，无意中拍到老麻雀喂小麻雀的照片，觉得很有意思。

老麻雀在批评小麻雀，小麻雀乖乖地听训（摄于圆明园）

　　如上图，是无意拍摄到的老麻雀喂小麻雀的照片。但是仔细看，像是老麻雀在批评小麻雀，小麻雀乖乖地听训。小麻雀听话了，老麻雀才喂它。

老麻雀喂食（摄于圆明园）

　　还有一次是拍摄到麻雀踩蛋。雄性麻雀个体要比雌性麻雀大。麻雀可不顾周围怎么样，是不是有我这样一个人在看，真是我行我素，毕竟生存竞争是第一位的。

　　的确，很少看到这一场景。我也是偶遇。其实，我拍鸟大部分都是在散步时的偶遇，这种方式拍出的鸟的种类、品相并不会非常好。但是，我坚持这一拍鸟方式。因为，人与鸟类以偶遇的方式交互作用，不会干扰鸟类的正常生活；而棚拍（不是人在隐蔽的棚子，而是把鸟抓来放置在棚里），是最坏的拍鸟方式，虽然经过设计，可以拍到背景干净的鸟类照片，但这是一种残害鸟类的方式，我们应该坚决抵制，不仅不参与，而且要呼吁抵制这种商业化的拍摄。还有一种是诱拍，就是在鸟类可能出现的地方放置某种鸟类喜欢的食物，如面包虫等，等鸟儿来吃时再拍摄。在圆明园里我也见过这种诱拍，比如在荷花上用长杆子把面包虫放上，然后等待大苇莺来吃，或在一处比较隐蔽的地方放面包虫，等待蓝点颏来吃。这

麻雀踩蛋
（摄于清华园）

种诱拍虽然看上去对于鸟类没有什么危害，但是在一定时间和地点造成了鸟类对于人类的投食依赖，间接地干扰了鸟类的天然食性。2018年底，北京动物园来了一只欧亚鸲（知更鸟），这种鸟是英国国鸟，在英国很多，但是在中国很少见，于是一星期左右的时间里聚集了大量的鸟类摄友，投放面包虫，并以长枪短炮的各种相机对准这只欧亚鸲，拍了无数的照片。我相信，这是一只迁徙途中的迷鸟，这种为留住迷鸟而投放面包虫的诱拍方式，会对这只迷鸟的返途有什么影响，不得而知。反正我没有去，不想以"追鸟痴"（twitcher）再加入这个庞大的影响鸟类生存的队伍里去。

大斑啄木鸟

# 啄木鸟——树林的护卫与医生

啄木鸟是清华园和圆明园里最常见的鸟儿。北方的啄木鸟里，我们常见的有三种：大斑啄木鸟（拉丁名：*Dendrocopos major*，英文名：Great Spotted Woodpecker）、星头啄木鸟（拉丁名：*Dendrocopos canicapillus*，英文名：Grey-capped Pygmy Woodpecker）与灰头绿啄木鸟（拉丁名：*Picus canus*，英文名：Grey-headed Woodpecker）；偶尔，也可以看到棕腹啄木鸟（拉丁名：*Dendrocopos hyperythrus*，英文名：Rufous-bellied Woodpecker）。我经常在走路散步或骑行的时候，听到一阵阵响亮的敲击木头的声音，那就是啄木鸟正在啄食树里的小虫。由于啄木鸟能够从树皮下发现并且剔除虫子，人们把它们称为树林的护卫和医生。然而，我们常常见到的是，啄木鸟也把树木啄得千疮百孔。树木由此变得更为脆弱，树心暴露出来，断了水线，枯竭而死。究竟它是护卫、医生还是破坏者呢？

啄木鸟属于䴕形目啄木鸟科。以前我对为什么把啄木鸟归为䴕形目很疑惑，后来在拍摄到绿啄木鸟和看到同属一个目的蚁䴕照片时，才知道啄木鸟的嘴喙一直裂到耳根前，所以把这类鸟称为䴕形目是有形象为之印证的。啄木鸟的嘴裂很大是有原因的，这样的嘴里有着一条很长的舌头，可以灵活运转，以便从啄开的小洞里勾舔出小虫。下面是我在清华园和圆明园拍摄到的几种啄木鸟的照片，这些照片里也有可以反映啄木鸟这种特性的。

大斑啄木鸟（摄于圆明园）　　　　　星头啄木鸟（摄于圆明园）

- 两只大斑啄木鸟（可能是母子）在同一树干的两侧对视（左中图，摄于清华园）
- 三只大斑啄木鸟，其中一只伸出了长长的舌尖（右中图，摄于清华园）
- 与麻雀争食的大斑啄木鸟（左下图，摄于清华园）
- 少见的立在枝干上的啄木鸟（右下图，摄于圆明园）

灰头绿啄木鸟（摄于圆明园）

棕腹啄木鸟，北京很少见（摄于清华园）

把树木啄得千疮百孔的啄木鸟（摄于清华园）

　　这些大斑啄木鸟都是上午11点左右在清华园同一地点附近拍摄的,当时有一老者在放置医疗女神雕塑的园子围墙上给鸟儿放食。这个地方是这位退休的清华老教授经常来放食的一个固定地点,主要是喂食麻雀和喜鹊。这天我正好散步到此,看到有三四只啄木鸟在附近,它们也上来吃这种拌饭,并且大啄木鸟还给小啄木鸟喂食,以及与小麻雀争食。由于人类和城市的存在,鸟类的饮食和行为方式也被迫发生了改变,不知道这是好事还是坏事。

　　棕腹啄木鸟是在清华园找了好多天才拍摄到的。棕腹啄木鸟,"中等体型(20~25厘米)、色彩浓艳的啄木鸟。背、两翼及尾黑,上具成排的白点;头侧及下体棕黄色为本种识别特征;臀红色。雄鸟顶冠及枕红色。雌鸟顶冠黑而具白点"。听到清华鸟友说在园子里见到棕腹啄木鸟,我后来在清华园情人坡的南侧看到了棕腹啄木鸟,这个种类的啄木鸟在北京不常见。应该是候鸟,只有这段时间会在北京做短暂逗留。

文须雀

# 文须雀光顾圆明园

　　第一次看到文须雀，是2018年3月的一天，我在圆明园散步时，圆明园东侧湖边的芦苇丛中突然出现了一群飞来飞去的小鸟，初看上去像是棕头鸦雀。看到这种鸟，我当时非常兴奋，这文须雀真是漂亮、美丽。灰色的头，从眼睑处一直往下，长着极为显眼、鲜明的黑须毛，专业术语叫"髭纹"，像唱京剧的花脸。文须雀的拉丁名是*Panurus biarmicus*，英文名是Bearded Reedling，其意义就是有胡子的长尾巴小鸟。

　　我当时所见到的文须雀，是一群，大概有近10只，它们在冬天已经泛黄的芦苇中叽叽喳喳，从这束芦苇蹦到另外一束芦苇上。我来不及细想，先用相机对准这群小鸟，尽情地拍照，它们并不怕我，我与它们大约有20米的距离，它们只是自顾自地在芦苇上跳来跳去，芦苇被它们压弯了腰，它们一飞走，芦苇又弹了回来，恢复了原状。回到家里我一边整理照片，一边查阅鸟类图鉴之类的文献，这才知道这是文须雀。其实，文须雀与棕头鸦雀是同一鸦雀科（Paradoxornithidae）。文须雀大小与棕头鸦雀差不多，不过最明显的特征就是其雄性具有黑色胡子（髭纹）。冬季时，我之所以看到它们在芦苇丛中，是因为此时它们的主要食物是芦苇种子、杂草籽。文须雀在北京应

文须雀
（摄于圆明园）

该属于冬候鸟，停留的时间在每年的10月到翌年的3月。我拍摄文须雀是在3月，这是我的幸运。它们应该是在这里进行最后的进食，而后就要飞走了。如果不是看到文须雀的雄性鸟，我也许会错过这个门类和这么美丽的鸟儿。

查阅文献，对于文须雀的解释是这样的："小型鸟类，体长15~18厘米。嘴黄色、较直而尖，脚黑色。上体棕黄色，翅黑色具白色翅斑，外侧尾羽白色。雄鸟头灰色，仅眼先（即眼睛前面的部位）至颊部具黑色髭纹，在淡色的头部极为醒目。下体白色，腹皮黄白色，雄鸟尾下覆羽黑色。雌鸟及幼鸟头部土黄色无髭纹，体羽棕色亦较淡。食物主要为昆虫、蜘蛛和芦苇种子与草籽等。通常营巢于芦苇或灌木下部，也在倒伏的芦苇堆上或旧的芦苇茬上面营巢。"赵欣如主编的《北京鸟类图鉴》《中国鸟类图鉴》把它归入鸦雀科。

文须雀（摄于圆明园）

· 雌性文须雀（上
  图，摄于圆明
  园）
· 文须雀（下图，
  摄于圆明园）

我发现，近年来，公园管理只为游人服务，很少考虑其他生命的需要。比如黑天鹅来了，也是成为公园的名片，为游人服务，管理者很少考虑光顾湖边芦苇的鸟类。这些在湖边生长的芦苇，是文须雀的生存环境。而每年冬季开始，芦苇枯黄时，工人就开始剪除芦苇，有时剪除得一点芦苇都没有了，于是很难再看到棕头鸦雀、文须雀这些依靠芦苇的鸟类。为什么不能有一点野趣的感觉呢？落叶也非要整理得干干净净，究竟是公园管理的意志第一，还是心中没有自然博物的情怀呢？我们难道不能有点自然第一的生态文明观点吗？其实只有兼顾了生态、荒野和人，才能有人们和鸟类真正共同喜欢的公园，才能有人类与鸟类和谐共处的公园，才能在城市这种人工环境里给其他生命营造一种可以和人共同生存的生命共同体。

比如，在秋季来临的时候，圆明园狮子林的枫叶红得特别美，一场秋风或一场秋雨后，树上的红叶更红了，而且地面上铺满了红黄相间的秋叶。这个时候人们都赶着去树下拍照，为什么呢？因为这样的场景最多可以保存一天，第二天早晨一定会被园林工人打扫干净。

圆明园深秋景色

棕头鸦雀

# 可爱的棕头鸦雀

棕头鸦雀（拉丁名：*Paradoxornis webbianus*，英文名：Vinous-throated Parrotbill）属鸦雀科，与文须雀同属一科，但文须雀嘴稍尖，而棕头鸦雀的嘴短粗而小，很可爱，是一种胖头短嘴、体型纤小的鸟，比麻雀还小。另外，棕头鸦雀一身棕黄色（粉褐色），有一很长的尾巴。它们在芦苇丛中飞来飞去，蹦蹦跳跳，叽叽喳喳，叫声为持续而微弱的啾啾声，憨态可掬，甚是可爱。棕头鸦雀俗称黄腾鸟、黄豆鸟、天煞星。为什么叫"天煞星"？据说是因为棕头鸦雀生性好斗，百折不屈。

我也是一个偶然机会拍摄到棕头鸦雀的。以前，看到它们时常常把它们当作麻雀而忽略，只有在比较近距离看它们的眼睛和嘴时，才知道它们不是麻雀。拍摄的时候还不认识它们，后来查书籍，才知道这种可爱的小鸟儿叫棕头鸦雀。这些棕头鸦雀的照片是2015年从盛夏转秋凉时拍到的。它们在还是绿色的芦苇叶之间跳来跳去，非常灵活和可爱。我记得，当时来了一群棕头鸦雀，在芦苇丛中蹦蹦跳跳，飞来飞去。一会儿从芦苇底部飞到枝头，一会儿又飞落下去，忙得我想要对焦清晰都很困难。后来是一只棕头鸦雀很好奇地盯着我，在芦苇秆上停留了几秒，才让我抓住机会连续拍摄到比较好的照片。

棕头鸦雀，全长约12厘米，头顶至上背棕红色，上体余部橄榄褐色，翅红棕色，尾暗褐色，喉、胸粉红色，下体余部淡黄褐色。常栖息于中低海拔的灌丛及林缘地带。在我国分布于自东北至西南一线向东的广大地区，为较常见的留鸟。棕头鸦雀被列入《世界自然保护联盟濒危物种红色名录》。

棕头鸦雀（摄于圆明园）

棕头鸦雀是常见留鸟，但是在圆明园里见到它们并不容易。原因很简单：一是它们太小了；二是它们太活泼，不停地飞，不停地跳，不停地钻，常常栖息于树丛和芦苇底部。它们真是太可爱了，我爱棕头鸦雀。

棕头鸦雀（摄于圆明园）

# 不知鸿鹄之志的燕雀

　　有一句极其励志的话，叫作"燕雀安知鸿鹄之志"。这句话出自《史记·陈涉世家》，意思是燕雀怎么能知道鸿鹄的远大志向，比喻平凡的人哪里知道英雄人物的志向。在喜欢上拍鸟之前，我以为燕雀是指像麻雀一类的小鸟。等到真正开始拍鸟后，真的拍到了燕雀，才知道燕雀不仅是一类鸟的科目"燕雀科"，而且特指一种"燕雀"。

　　燕雀很美丽，它与麻雀大小相当，但是比麻雀艳丽多了，头部的颜色更深。特别是胸部和背部，有棕色和橙黄色的羽毛，而且翅膀有对称的黑色和白色，所以特别艳丽。燕雀（拉丁名：*Fringilla montifringilla*，英文名：Brambling）属中型燕雀科鸟类，体长15~16厘米。嘴粗壮而尖，呈圆锥状。雄鸟从头至背灰黑色，背具黄褐色羽缘。腰白色，颏部、喉部、胸部橙色，腹至尾下覆羽白色，两胁淡棕色而具黑色斑点。两翅和尾黑色，翅上具白斑。雌鸟和雄鸟大致相似，但体色较浅淡，上体褐色而具有黑色斑点，头顶和枕具窄的黑色羽缘，头侧和颈侧灰色，腰白色。除繁殖期间成对活动外，其他季节多成群，尤其是迁徙期间常集成大群，有时甚至集群多达数百、上千只，晚上多在树上过夜。主要以草籽、果实、种子等植物性食物为食，尤其喜欢吃杂草种子。广泛分布于整个欧亚大陆，国内见于除青藏高原外的大部分地区，包括台湾，为常见冬候鸟。

在圆明园或清华园里，通常到10月下旬，才能看到它们的身影。

燕雀是平凡的鸟儿，它们经过长途跋涉，到秋天和冬天才来这里越冬。人们在北京的冬天里看到一群一群跟麻雀外貌相似、有比较艳丽羽毛的鸟儿，还以为是麻雀到冬天变得更加美丽了呢。燕雀装点了北京的冬日。

胖乎乎的燕雀（摄于清华园）　　　准备起飞的燕雀（摄于清华园）

　　燕雀的平凡用阮籍的这首"鸳鸠飞桑榆，海鸟运天池。岂不识宏大，羽翼不相宜。招摇安可翔，不若栖树枝。下集蓬艾间，上游园囿篱。但尔亦自足，用子为追随"咏怀诗词来形容也很恰当，虽然主要写的不是燕雀，但是用在燕雀身上也有一定的对应性。说燕雀"但尔亦自足，用子为追随"是很恰当的。英雄有几个？平民的幸福才最重要，最实在。即便是英雄也需要为民众的幸福谋福利，才是真英雄。

小鷦鷯

# 小胖子鹪鹩

　　2017年以后，我才在北京见到鹪鹩（拉丁名：*Troglodytes troglodytes*，英文名：Eurasian Wren）。一般情况下很难看到它，有两个原因。第一，鹪（jiāo）鹩（liáo）太小了，它比麻雀都小。鹪鹩体长约10厘米（麻雀大约14厘米）；嘴长适中，稍弯曲，先端无缺刻；翅短圆；尾短小而柔软，尾羽12枚，尾较狭窄而柔软；跗跖前缘具盾状鳞，趾及爪发达；体羽棕褐或褐色，具众多的黑褐色横斑及部分浅色点斑。第二，鹪鹩胆子特别小，经常躲树丛中，偶尔跑出来觅食。我在清华园的工字厅后湖边上看到它，大约是3月。后湖背阴处的冰还没有化，但是已经开始有小虫出现，小精灵般的鹪鹩跑到冬天剩余的荷叶秆上啄食上面吸附的小虫。因为附在荷叶秆上的虫子很多，所以鹪鹩停留的时间比较长，这让我拍摄到了背景干净、画面清晰的鹪鹩，它像一个肉嘟嘟的小肉球，立于荷叶秆上……

　　在查阅关于鹪鹩资料时，发现鹪鹩居然还是药材，如果鹪鹩可以入药，为什么麻雀不可成为药材？是不是所有的鸟类都具有和鹪鹩一样的中药属性呢？可鹪鹩是列入了

冬天的小鹪鹩（摄于清华园）

《世界自然保护联盟濒危物种红色名录》的鸟类，希望人们不要去吃它，不要让它入药。

鹪鹩并不漂亮，全身羽毛多为棕褐色，具黑色或黑褐色横斑，容易让看到它的人产生密集、恐惧的感觉。就是这种小鸟却被古代圣哲和文人写到了书中。《庄子·逍遥游》中有"鹪鹩巢于深林，不过一枝"，旨在说明以天地万物之大，鹪鹩不过仅仅巢于一枝。晋代作《博物志》的张华曾据此语作《鹪鹩赋》：

　　［序］鹪鹩，小鸟也。生于蒿莱之间，长于藩篱之下，翔集寻常之内，而生生之理足矣。色浅体陋，不为人用；形微处卑，物莫之害，繁滋

族类，乘居匹游，翩翩然有以自乐也。彼鸷、鹍鹏、鸿、孔雀、翡翠，或凌赤霄之际，或托绝垠之外，翰举足以冲天，觜距足以自卫，然皆负缯婴缴，羽毛入贡，何者？有用于人也。夫言有浅而可以托深，类有微而可以喻大，故赋之云尔。

［正文］何造化之多端兮，播群形于万类？唯鹪鹩之微禽兮，亦摄生而受气。育翩翻之陋体，无玄黄以自贵。毛弗施于器用，肉弗登于俎味。鹰鹯过犹俄翼，尚何惧于罿罻。翳荟蒙笼，是焉游集。飞不飘飏，翔不翕习。其居易容，其求易给。巢林不过一枝，每食不过数粒。栖无所滞，游无所盘。匪陋荆棘，匪荣苣兰。动翼而逸，投足而安。委命顺理，与物无患。

伊兹禽之无知，何处身之似智？不怀宝以贾害，不饰表以招累。静守约而不矜，动因循以简易，任自然以为资，无诱慕于世伪。雕鹖介其觜距，鹄鹭轶于云际；鹍鸡窜于幽险，孔翠生乎遐裔；彼晨凫与归雁，又矫翼而增逝。咸美羽而丰肌，故无罪而皆毙。徒衔芦以避缴，终为戮于此世。苍鹰鸷而受绁，鹦鹉惠而入笼。屈猛志以服养，块幽絷于九重，变音声以顺旨，思摧翩而为庸。恋钟岱之林野，慕陇坻之高松。虽蒙幸于今日，未若畴昔之从容。

海鸟鹢鹍，避风而至。条枝巨雀，逾岭自致。提挈万里，飘飘逼畏。夫唯体大妨物，而形瑰足玮也。阴阳陶蒸，万品一区。巨细舛错，种繁类殊。鹪螟巢于蚊睫，大鹏弥乎天隅，将以上方不足，而下比有余。普天壤以遐观，吾又安知大小之所如？

鹪鹩虽小，却是普通人应该学习的榜样！

晋代张华以鹡鹩比喻人之所说很有道理。

鹡鹩给我们的启示就是，不必什么都以对人类是否有用作为评价标准。苍鹰被人驯服用来捕食，鹦鹉会学舌而被抓来笼养。而小鹡鹩则"不怀宝以贾害，不饰表以招累。静守约而不矜，动因循以简易。任自然以为资，无诱慕于世伪"。

我们能够从鹡鹩身上学到这些为人处世的品质吗？

红角
鸮

# 可爱的小猫头鹰（红角鸮）

　　不管别人怎么样，我很喜欢猫头鹰，主要是猫头鹰一般都有一副萌萌的外表。我是学习和研究哲学的，很早就知道德国大哲学家黑格尔有一句关于猫头鹰的名言："密涅瓦的猫头鹰总是黄昏才起飞。"哲学家总是跟猫头鹰有关联。我的家里有许多猫头鹰的木雕、草编和石刻模型。猫头鹰因为夜晚才出来觅食，所以很少能够在白天的北京城区看到它。一直以来，我都有一个愿望，想要亲自拍摄到猫头鹰，哪怕只有一种。

　　这个愿望终于在2019年6月实现了。由于对这次拍摄印象深刻，所以需要趁新鲜赶紧写下来。6月，鸟友谭老师在圆明园里多次拍摄到猫头鹰的一种——红角鸮（拉丁名：*Otus sunia*，英文名：Oriental Scops Owl）（其实还有其他种类），然后他将拍摄的作品发在了朋友圈里。6月26日下午，我忽然有一种抑制不住的冲动，要去看看红角鸮（xiāo）萌萌的样子。到圆明园后，找到红角鸮所在的地方，已经有三四个鸟友在拍摄了——树上的红角鸮有三只，两只成年红角鸮，一只小雏鸟红角鸮。由于红角鸮站得很高，在粗大的树上，枝丛缭绕，所以很难拍摄到清晰的红角鸮照片。但是，不管怎样，第一次亲眼看到了猫头鹰，而且第一次用自己的相机记录下猫头鹰的形态，我还是非常的兴奋。

　　三只红角鸮分别在不同的树枝上，鸟友说小红角鸮与妈妈应该是站在差不多高的树枝上，红角鸮爸爸则高高在上，在比较高的树枝上。由于是下午，它们大多数时候都闭着眼睛。偶尔会动一动，睁开一只或两只眼睛。鸟友都执着地等候着，支起三角或独角架子，等猫头鹰睁眼或卖萌的那一刻。

　　特别是小红角鸮，浑身毛茸茸，呈灰青色，跟成年的红角鸮很不一样。小红角鸮很萌，一会儿正脸看拍摄的人，一会儿歪头看着我们。

同一棵树上三只红角鸮（见数字标识处，摄于圆明园）

小红角鸮的萌态（摄于圆明园）

·成年红角鸮（左图，摄于圆明园）
·睁一只眼闭一只眼的红角鸮萌态（右图，摄
　于圆明园）

# 适应城市生活的小猛禽——清华红隼

　　红隼（sǔn）是猛禽中的一种，小型红褐色隼类。红隼（拉丁名：*Falco tinnunculus*，英文名：Common Kestrel）是隼科的小型猛禽之一。该鸟喙较短，先端两侧有齿突，基部不被蜡膜或须状羽；鼻孔圆形，自鼻孔向内可见一柱状骨棍；翅长而狭尖，扇翅节奏较快；尾较细长。飞行快速，善于在空中振翅悬停观察并伺机捕捉猎物。栖息于山地和旷野，多单个或成对活动，飞行较高。以猎食时有翱翔习性而著名。吃大型昆虫、小型鸟类、青蛙、蜥蜴以及小哺乳动物。呈现两性色型差异，雄鸟的颜色更鲜艳。

　　红隼广泛分布于非洲、欧亚大陆，是比利时的国鸟。繁殖期5-7月。通常营巢于悬崖、山坡岩石缝隙、土洞、树洞等处，或待在喜鹊、乌鸦以及其他鸟类留在树上的旧巢中。巢较简陋，由枯枝构成，内垫有草茎、落叶和羽毛。每窝产卵2~3枚。卵为白色或赭色，孵化期28~30天。据赵欣如的《北京鸟类图鉴》，其在北京的居留状况是：留鸟、夏候鸟、冬候鸟、旅鸟。也就是说，红隼的居留不定，要根据个体居留适应情况而定。

　　在城市中，红隼已经逐渐适应了城市生活。比如，我在清华园的两年中曾经多次拍摄到红隼筑巢于学生宿舍楼楼顶的阳台顶或游泳馆的顶边。小红隼出生后变成亚成鸟时，常常从非常高的窝中飞下来，而在短时间内飞不回去。在这个时候，我和清华鸟友多次拍摄到红隼的亚成鸟，我还依据自己拍摄的照片画了亚成红隼。

亚成红隼落在清华学生宿舍的窗前

这些亚成红隼，刚刚落地时，还被一群灰喜鹊欺负，灰喜鹊常常结群去扑打它们。而红隼的父母并不去保护这些亚成的孩子们，而是让它们自己去解决问题。果不其然，一两天后，灰喜鹊不再欺负这些红隼，而红隼在亚成出窝后，可能也待不了几天，就远走高飞了。后来，也有鸟友拍摄到红隼驱赶喜鹊的照片。

被欺负的红隼（鸟友拍摄）

· 红隼驱赶大喜鹊（左上图，鸟友摄于清华园上空）
· 红隼在巢边（右上图，摄于清华园）
· 俯冲的红隼（下图，清华鸟友摄于圆明园）

亚成红隼在游泳馆后面
（摄于清华园）

# 有兄弟情谊隐喻的鹡鸰

在清华园与圆明园里，先后看到过三种鹡（jí）鸰（líng），它们分别是白鹡鸰、灰鹡鸰和黄鹡鸰。白鹡鸰比其他两种鹡鸰容易区分一些。它的身体颜色主要是三种：白色、灰色与黑色。而灰鹡鸰和黄鹡鸰就不太容易区分。一是它们身上都有黄色，二是它们也都有大片的灰色、黑色。后来，我在绘画的时候才注意到灰鹡鸰与黄鹡鸰的主要区别：灰鹡鸰头部没有黄色，黄鹡鸰头部有黄色；灰鹡鸰身体一般比较纤细、瘦长，黄鹡鸰身体则胖一些。

这三种鹡鸰都很可爱。其可爱之处在于，它们是特别机灵的鸟，"鹡鸰"恰与"机灵"谐音。它们在地面的跳跃与麻雀不同，它们在地面时，是两腿分开一路小跑。它们常常走走停停，一旦停下来，就会昂起头，四处张望。停下来时，尾巴会上、下有规律地振动。感觉遇到危险时，它们也会迅速散开，飞翔时呈波浪形。这三种鹡鸰均列入《世界自然保护联盟濒危物种红色名录》。

先看白鹡鸰。

白鹡鸰（拉丁名：*Motacilla alba*，英文名：White Wagtail）是雀形目鹡鸰科鹡鸰属的鸟类，属小型鸣禽，全长约18厘米，翼展约31厘米，体重约25克，寿命约10年。体羽为黑白二色。栖息于村落、河流、小溪、水塘等附近，在离水较近的耕地、草场等均可见到。经常成对活动或结小群活动。以昆虫为食。觅食时或在地上行走，或在空中捕食昆虫。飞行时呈波浪式前进，停息时尾部不停上下摆动。繁殖期在3-7月，筑巢于屋顶、洞穴、石缝等处，巢由草茎、细根、树皮和枯叶构成，巢呈杯状。每窝产卵4或5枚。主要分布在欧亚大陆的大部分地区和非洲北部的阿拉伯地区，在中国有广泛分布。

再看灰鹡鸰和黄鹡鸰。

灰鹡鸰（拉丁名：*Motacilla cinerea*，英文名：Grey Wagtail）是雀形目鹡鸰科鹡鸰属的鸟类，属中小型鸣禽，体长约19厘米。与黄鹡鸰的区别在上背灰色，飞行时白色翼斑和黄色的腰显现，且尾较长。体形较纤细。喙较细长，先端具缺刻；翅尖长，内侧飞羽（三级飞羽）极长，几与翅尖平齐；尾细长，外侧尾羽具白，常做有规律的上、下摆动；腿细长后趾具长爪，适于在地面行走。经常成对活动或结小群活动。以昆虫为食。繁殖期在3-7月，筑巢于屋顶、洞穴、石缝等处，巢由草茎、细根、树皮和枯叶构成，巢呈杯状。每窝产卵4~5枚。

黄鹡鸰（拉丁名：*Motacilla flava*，英文名：Yellow Wagtail）为雀形目鹡鸰科鹡鸰属的鸟类。小型鸣禽（约长

18厘米），似灰鹡鸰但背部橄榄绿色或橄榄褐色而非灰色，尾较短，飞行时无白色翼纹或黄色腰。西部的群体繁殖于欧洲至中亚，冬季南迁至南亚越冬。东部的群体繁殖于西伯利亚及阿拉斯加，冬季南迁至南亚、东南亚、澳大利亚、新几内亚。一般生活于河谷、林缘、原野、池畔及居民点附近，从平原至海拔4000米以上的高原地区均可见其踪迹。

在北京，鹡鸰在河边、湖边比较常见，所以几乎每年都可以在清华园的工字厅湖和圆明园湖边见到它们的踪影。

鹡鸰也是有典故的，据《毛诗正义》卷九之二（《小雅·鹿鸣之什·常棣》）记载："脊令在原，兄弟急难。每有良朋，况也永叹。兄弟阋于墙，外御其务。每有良朋，烝也无戎。"汉·毛亨传记载："脊令，雍渠也。飞则鸣，行则摇，不能自舍耳。急难，言兄弟之相救于急难。"东汉·郑玄笺注："雝渠水鸟，而今在原，失其常处，则飞则鸣，求其类，天性也。犹兄弟之于急难。"可见，古代对于鹡鸰的记载也是出神入化的，寥寥数笔，便勾勒了鹡鸰的神态，并且常常用鹡鸰表达兄弟情义。

据说，唐明皇李隆基有诗《鹡鸰颂》：

伊我轩宫，奇树青葱，蔼周庐兮。冒霜停雪，以茂以悦，恣卷舒兮。连枝同荣，吐绿含英，曜春初兮。蓐收御节，寒露微结，气清虚兮。桂宫兰殿，唯所息宴，栖雍渠兮。行摇飞鸣，急难有情，情有馀兮。顾唯德凉，夙夜兢惶，惭化疏兮。上之所教，下之所效，实在予兮。天伦之性，鲁卫分政，亲贤居兮。爱游爱处，爱笑爱语，巡庭除兮。观此翔禽，以悦我心，良史书兮。

田园诗人孟浩然在诗中，常常写到鹡鸰。如：

俱怀鸿鹄志，昔有鹡鸰心。——孟浩然《洗然弟竹亭》

平生急难意，遥仰鹡鸰飞。——孟浩然《送王五昆季省觐》

壮志吞鸿鹄，遥心伴鹡鸰。——孟浩然《送莫甥兼诸昆弟从韩司马入西军》

早闻牛渚咏，今见鹡鸰心。——孟浩然《送袁十岭南寻弟》

杜甫也有与鹡鸰相关的诗词，如：

浪传乌鹊喜，深负鹡鸰诗。——杜甫《得舍弟消息》诗之二

· 白鹡鸰（上图，摄于清华园工字厅湖）
· 灰鹡鸰（左下图，摄于圆明园）
· 黄鹡鸰（右下图，摄于清华园工字厅湖）

灰鹡鸰

黄鹡鸰

珠颈斑鸠

# 容易混淆的斑鸠

我要说的三种斑鸠（jiū），是珠颈斑鸠、灰斑鸠和山斑鸠。在清华园、圆明园以及许多地方我都曾经看见过这三种斑鸠。当然，灰斑鸠是比较少见的，这几年大约只见过一次。比较多见的是珠颈斑鸠。我拍摄了好多次斑鸠，都以为是珠颈斑鸠，其实有时拍摄的是山斑鸠。珠颈斑鸠和山斑鸠，比较容易混淆，它们的脖子上都有近半圈的黑块，上面点缀着白色的斑点。不过，珠颈斑鸠的白色斑点是珍珠般的，而山斑鸠的白色斑块是条状的。起初我对这两者的区别没有太注意，结果搞混了。画了一个山斑鸠，以为画的是珠颈斑鸠。幸亏鸟友见多识广，帮我指出错误。

斑鸠属于鸽形目鸠鸽科。该科包括：原鸽、岩鸽、山斑鸠、灰斑鸠、火斑鸠、珠颈斑鸠等。

我们先从珠颈斑鸠说起。

珠颈斑鸠（拉丁名：*Spilopelia chinensis*，英文名：Spotted Dove），又名鸪雕、鸪鸟、中斑、花斑鸠、花脖斑鸠、珍珠鸠、斑颈鸠、珠颈鸽、斑甲，常见留鸟，分布在亚洲东部及南部。在我国广泛分布于华北及其以南地区。珠颈斑鸠属于中型鸟类，上体大都褐色，下体粉红色，后颈有宽阔的黑色带状，其上满布以白色细小斑点形成的领斑，在淡粉红色的颈部极为醒目。尾甚长，外侧尾羽黑褐色，末端白色，飞翔时极明显。

珠颈斑鸠（摄于清华园）　　　　　　山斑鸠（摄于圆明园）

山斑鸠（拉丁名：*Streptopelia orientalis*，英文名：Oriental Turtle Dove），是鸠鸽科斑鸠属的鸟类，包含6个亚种。山斑鸠分布于亚洲中部、南部和东部，冬天大部分种群会迁徙；成对或单独活动，与珠颈斑鸠在食性、活动区域、夜间栖息环境等方面基本相似。《北京鸟类图鉴》认为其几乎为我国全境分布，在北京也属于留鸟。注意它脖颈上的白色斑块为条状分布，与珠颈斑鸠不同。体型比珠颈斑鸠粗壮一些，体羽比棕黄色更深一些。

灰斑鸠（拉丁名：*Streptopelia decaocto*，英文名：Collared Dove），属于鸽形目斑鸠科斑鸠属，一种中型鸠鸽类的鸟，体型比珠颈斑鸠略显胖一些。灰斑鸠，其特征就是周身有非常浅的灰色，后颈有黑色的半圈领环，这是其重要的鉴别特征。一般人很容易以为灰斑鸠就是普通的野鸽子。

我第一次辨认出灰斑鸠，是在清华园里一处"手球操场"边。两只灰斑鸠相亲相爱地落在手球操场的网栏边上。它们相互厮磨、相互"咕咕"地示爱。我开始也以为这是一对灰鸽子，后来看到它们颈上有黑色半领环，才知道这是一种斑鸠。我很兴奋，在离它们较远的手球操场对面拍摄了它们的照片。

据《北京鸟类图鉴》，它们属于冬候鸟（10月–翌年4月）。

庚喜
鵲群

# 喜欢集群的灰喜鹊

　　灰喜鹊（拉丁名：*Cyanopica cyanus*，英文名：Azure-winged Magpie），属雀形目鸦科灰喜鹊属。在中大型鸣禽中属于外形小巧的鸦科鸣禽。体长大概35厘米，是一种细长的灰色喜鹊，其顶冠、耳羽及后枕黑色，两翼天蓝色，长尾蓝色。分布于东亚大部分地区及伊比利亚半岛。国内见于东部、中部地区以及海南，为留鸟。现在在北京，灰喜鹊大概是除了麻雀以外最常见的鸟类了。由于喜鹊在中国文化中属于吉祥物种，所以近年来，无论灰喜鹊还是喜鹊在中国城市中的繁殖都越来越多。

　　灰喜鹊，常群栖于低海拔各种生态环境（林地、农田、湿地和城市等），于树上、地面及树干上觅食。性情喧闹，飞行时振翼快，常做长距离无声滑翔。

　　对于清华园而言，灰喜鹊好像是专门引来的中型鸣禽。以前多见大喜鹊（即我们常常见到的黑白分明的喜鹊）。

　　灰喜鹊最大的特点是集群，经常一起飞翔，一起觅食，一起喧闹，甚至一起攻击其他鸟类和小动物。例如，我曾见过它们群起追击松鼠，与红隼战斗。我也曾经拍摄过它们群体喝水和树上"开会"的照片。

冬天在校河里集体喝水的灰喜鹊（摄于清华园）

攻击红隼亚成鸟的灰喜鹊（清华鸟友摄）

一树的灰喜鹊"开会"（摄于清华园）

对于拍鸟人而言，灰喜鹊并不是让人喜欢的鸟，反而让人有些讨厌。原因很简单，它太喧闹了，一见到人，它就会发出一种很嘶哑的叫声，一般听到这样的叫声，附近的鸟不是飞了，就是警觉起来。当然这样的叫声，也是一种鸟类自我保护的生态行为。灰喜鹊是很聪明的喜鹊，你骑自行车路过，它离你很近，也不怕你，但是如果你手上拿着"东西"，特别是有长度的物品，它会比较警觉。一旦你手一上抬，用有长度的物品如相机对准它，它就一边嘶哑地叫着，一边飞走了。当然在这点上，鸦科里面的大喜鹊更警觉。而红嘴蓝鹊则可以被人手上的"食物"所诱惑，和人比较亲近。

喜鹊

# 吉祥的喜鹊

喜鹊（拉丁名：*Pica pica*，英文名：Magpie）是很容易辨认的黑白两色的长尾中型鸣禽。它的体羽除两侧肩部各有一大块白斑及腹部为白色外，全身体羽几乎为黑色并稍染紫色、铜绿色光泽。喜鹊在北京也是常见鸟类，属于留鸟。它常常出没于山脚、城市公园、田园菜地、树林中。

在中国文化中，喜鹊是一种吉祥的鸟。青海省乐都区出土过一件柳湾文化彩陶罐，这个彩陶罐上就有喜鹊的图案。另外，在中国传统文化当中也有一个家喻户晓的"牛郎织女天河鹊桥相会"的美丽传说，其中喜鹊扮演了重要的角色。每年农历的七月初七，喜鹊集体飞上天，头尾相接，搭成一座鹊桥，让牛郎和织女在天上相会。除此之外，各地民间的风俗，以及绘画、对联、剪纸、小说、散文、诗歌以及歌曲、影视、戏曲等作品都有描绘喜鹊的故事，说明喜鹊在文化中始终占有一席之地。在这种文化中，喜鹊受到了更好的保护。

小时候，我们也曾经听老人说，如果有喜鹊在你头顶喳喳叫，你一定有喜事，或者交上好运。长大了，偶尔在路上，头顶的树枝上落一只喜鹊，冲着你叫喳喳，那心里也是乐的。而且也会想，今天或这几天是不是有什么好事啦？

吃小水蛇或泥鳅的喜鹊（摄于圆明园）

喜鹊的食物很杂，主要捕食昆虫，也吃少量谷物，但我见过喜鹊吃水中小蛇或泥鳅，甚至吃其他鸟类的雏鸟。也是一个狠角色呢！

喜鹊的属名取自一个拉丁词Pica，意思就是Magpie，在西方文化中得此名是因为此种鸟有个坏名声，它几乎什么东西都吃。有一种病就

聚集在一起的喜鹊（摄于圆明园）

一树喜鹊（取自作者博客）

叫Pica，含义是对不适宜食物的一种病态渴望（pathological craving for substance unfit for food）。因此，在西方文化中喜鹊的形象并不怎么好。

喜鹊也是喜欢集群活动的鸟类，经常三五成群聚集在一起，喝水、觅食等。我曾经拍摄过一树的喜鹊，见上图。当然，前面也说过，喜鹊也是非常聪明的鸟，对于拍摄者，它尤为警惕。

总之，灰喜鹊和喜鹊的聪明是非常有名的。在非哺乳动物中，它们属于少数能够认出镜中自己图像的物种。

红嘴蓝鹊

# 美丽的红嘴蓝鹊

红嘴蓝鹊（拉丁名：*Urocissa erythrorhyncha*，英文名：Red-billed Blue Magpie），大型鸣禽。上体蓝灰色，头颈两侧、喉和上胸均黑色。头顶到上背中部有浅灰白色块斑；两翼蓝灰色；尾羽长，羽端呈黑白端斑相间状；下体白色。嘴和脚均为朱红色。

2018年3月，有一天我从学校西门外出回来，走到校河边的东西路，突然看到一群红嘴蓝鹊在路边的草地上。草地中间有一个人工浇水留下的小水洼。由于小水洼太小，这群红嘴蓝鹊很有次序地挨个排队，在那里轮流喝水洗澡。鸟儿洗澡，就是在小水洼中打滚，小水洼小，一次也只能容纳一只红嘴蓝鹊洗澡。所以这群鸟在这儿停留的时间稍长。我马上停下自行车，也不管远近，拿起相机赶快拍摄。现在选取其中几张有代表性的放在这里（其中一张是红嘴蓝鹊洗完澡飞落在一枝树杈上，浑身湿漉漉的）。后来，我在清华园以及其他地方，多次看到红嘴蓝鹊，最后一次是2020年1月在清华园工字厅前的草地上，看到红嘴蓝鹊与灰喜鹊、喜鹊以及乌鸦同框在地上觅食。

· 在小水洼里洗澡的红嘴蓝鹊（上图，摄于清华园）
· 洗澡后浑身湿漉漉的红嘴蓝鹊（中图，摄于清华园）
· 美丽的红嘴蓝鹊（下图，摄于清华园）

美丽的红嘴蓝鹊（摄于清华园）

　　最后这张照片是后来找到的，是拍摄红嘴蓝鹊众多照片中比较好的一张，放到这个故事的最后吧！

红耳鹎

# 迷失在北京的红耳鹎

红耳鹎（拉丁名：*Pycnonotus jocosus*，英文名：Red-whiskered Bulbul）在南方很常见，在北方很少见。2016年2月我在圆明园散步，偶遇红耳鹎（bēi），赶快拍摄下来。今日画下来，查《北京鸟类图鉴》，对北京而言，红耳鹎属于逃逸鸟。"逃逸鸟是指根本不是本地自然分布、不应有的鸟种，而是在饲养、运输、贩卖过程中逃逸或被放生的鸟。它们有可能因不适应环境而消失，也有可能生存下去并建立起稳定的种群，成为外来入侵物种。这也是人类对环境的一种影响方式。"后来在圆明园再没有看到红耳鹎。

红耳鹎很有特色，头上有一顶冠，黑色的，耳后有一红斑，非常明显。与耳后红斑相互呼应，臀部也是红色的。看这幅图以为红耳鹎的尾巴很短，其实它的尾巴还是比较长的。

红耳鹎体长16~21厘米，体重23~38克。头顶黑色，具耸立的羽冠；眼下后方具红色的羽簇，因而得名。耳羽与颊下方同为纯白色，外围黑色。上体褐色，尾羽灰褐色，外侧尾羽上有白色的端斑。下体为白色，胸侧有近黑色的横带，尾下覆羽为猩红色。虹膜棕色或棕红色。嘴黑色，脚黑色。红耳鹎栖息于低山和平原地区的雨林、季雨林，以及坝区村寨附近的林缘、庭园、灌木丛中。成群活动，冬季集20~30只的大群，甚至多达百余只。常集于树上啄食。性情活泼。喜欢在高枝上高歌，鸣声洪亮激昂，略具韵律。以植物叶、芽、果实、种子等为食，也吃昆虫等。筑巢于树上或灌丛中。每窝产卵2~4枚。卵呈圆形、粉红色。孵化期约14天。

红耳鹎（摄于圆明园）

红耳鹎有一些俗名，例如高鸡冠、高冠鸟、高髻冠、黑头公、高髻郎等。在分类学上隶属于雀形目鹎科鹎属。分布于南亚及东南亚。国内见于西藏、云南、贵州、广西、广东和台湾等地，为各地常见留鸟。所以，在北京偶遇红耳鹎，实属幸运。我后来在外地开会期间多次见到红耳鹎。例如，2019年11月30日到12月2日在广西大学开会，在校园多次见到红耳鹎，而且是多只红耳鹎在一起。

在广西大学校园拍摄的落在雕像上的红耳鹎

白头鹎

# 成了北京常见鸟类的白头鹎

　　赵欣如主编的《北京鸟类图鉴》里介绍，"白头鹎主要分布于长江以南，近年来在北方有零星分布"。现在，白头鹎成了除麻雀和喜鹊以外，北京最常见的鸟类之一。几年前，见到白头鹎还是零星的少数。现在白头鹎，常常是数只一群飞过，或落在树枝与柳条上。白头鹎成了北京常见的留鸟，特别是在每年的10-11月，白头鹎最常见。白头鹎的鸣叫声很好听，婉转、嘹亮。

　　白头鹎（拉丁名：*Pycnonotus sinensis*，英文名：Light-vented Bulbul），又名白头翁，是雀形目鹎科鹎属中小型鸟类，为鸣禽，寿命10~15年。白头鹎分布于东亚及东南亚北部地区。国内见于西至横断山脉、北至兰州到环渤海地区的广泛区域，以及海南和台湾。多为常见留鸟。白头鹎性活泼，不甚畏人。食昆虫、种子和水果，属杂食性，雄鸟胸部灰色较深，雌鸟浅淡，雄鸟枕部（后头部）白色极为清晰醒目。

　　白头鹎额至头顶黑色，两眼上方至后枕白色，形成一白色枕环，腹白色具黄绿色纵纹。常结群于果树上活动，有时从栖处飞行捕食。

白头鹎在中国传统文化中是有寓意的，由于它有白头翁的别名，所以寓意为"白头偕老"。特别是一对白头鹎在一起的情景，更有这样的意蕴。

·一对白头鹎（左上图，摄于圆明园）
·冬日里的白头鹎（右上图，摄于圆明园）
·夏日中的白头鹎（下图，摄于圆明园）

真正白头的白头鹎（摄于清华园工字厅湖）

　　关于白头鹎的白头，也有说法是，白得越多，特别是头顶全白的，是鸟龄偏大的老鸟。

红交嘴雀

# 喙是交错的红交嘴雀

第一次看到红交嘴雀是它在清华园工字厅后的湖面上衔冰喝水时，我拍摄到了它。拍摄后，才发现它喙的前端上下是交错的。这也是红交嘴雀的最大特征，有一个上下交错的喙。这交错的喙，怎么吃东西呢？查文献才发现原来它以松子为主要食物，其交错的喙是用来磕开松子的。它们常常在冬季游荡且部分鸟结群迁徙，其飞行迅速而带起伏。进食时，常常倒悬用交喙嗑开松子。红交嘴雀属于寒温带针叶林鸟类。红交嘴雀羽毛颜色并不十分艳丽，其雄鸟全身羽毛呈现不是很新鲜的绛红色。红色中夹着杂斑，翅膀与尾羽黑褐色。

红交嘴雀（拉丁名：*Loxia curvirostra*，英文名：Red Cross-bill），主要分布于欧洲、亚洲北部。我国常见于东北、华北、西南、江苏、新疆等地。对于北京而言，红交嘴雀是冬候鸟（头年10月上旬至第二年3月），我是在3月看到它的。我看到它的时候，它可能在北京地区也就停留几天吧！所以我很幸运。

红交嘴雀在冰面上喝水、起飞、飞翔（摄于清华园工字厅后湖）

红胁蓝尾鸲

# 美丽的红胁蓝尾鸲

　　红胁蓝尾鸲（拉丁名：*Tarsiger cyanurus*，英文名：Red-flanked Bluetail）是非常美丽的小型鸣禽，特别是雄鸟。其身体上部自头顶至背、肩部都呈现灰蓝色；腰部和尾巴覆羽有辉蓝色，在阳光下闪烁亮蓝光，其尾羽也有蓝色，所以称为蓝尾鸲。它的喉部和胸部均为淡棕色，两胁有橙红色斑，腹部和尾下呈纯白色。而雌鸟则色淡得多，雌鸟上体呈橄榄褐色；腰部和尾上覆羽沾灰蓝色；下体白色或略带褐色。

　　红胁蓝尾鸲（qú），我在圆明园和清华园都拍到过。这次是在清华园李文正图书馆东侧的果树上拍摄到的红胁蓝尾鸲。两只红胁蓝尾鸲一前一后，相互追逐，一会儿飞到草坡上，一会儿飞到树杈上，非常灵动。它们跳跃于枝杈间，而在停留歇息期间，其尾巴常常一翘一翘地起伏不定。它们主食昆虫，兼食少量植物种子。由于它们飞翔时，有蓝色飞羽和飞羽下端的白色闪烁，所以在它们飞翔时，很容易发现它们的踪迹。对于北京而言，红胁蓝尾鸲是旅鸟，或者有少量冬候鸟（一般在头年的10月上旬到第二年的5月上旬）。

红胁蓝尾鸲（摄于清华园情人坡西）

红胁蓝尾鸲（上图雄鸟，下图雌鸟，
摄于清华园情人坡）

# 金黄的金翅雀

金翅雀（拉丁名：*Chloris sinica*，英文名：Gray-capped Greenfinch），最初在圆明园见到它，常常把它与燕雀混同，在名称上也常常把它与金丝雀混同。金翅雀又名金翅、绿雀，属于小型鸟类，体长13~14厘米。嘴细直而尖，基部粗厚，头顶暗灰色。金翅雀雄鸟眼先、眼周灰黑色，前额、颊、耳覆羽、眉区、头侧褐灰色沾草黄色，头顶、枕至后颈灰褐色，羽尖沾黄绿色。背、肩和翅上内侧覆羽暗栗褐色，羽缘微沾黄绿色，腰金黄绿色。短的尾上覆羽亦为绿黄色，长的尾上覆羽灰色缀黄绿色，中央尾羽黑褐色，羽基沾黄色，羽缘和尖端灰白色，其余尾羽基段鲜黄色，末段黑褐色，外翈（xiá）羽缘灰白色。翅上小覆羽、中覆羽与背同色，大覆羽颜色亦与背相似，但稍淡，初级覆羽黑色，小翼羽亦为黑色，但羽基和外翈绿黄色，翅角鲜黄色。初级飞羽黑褐色，尖端灰白色，基部鲜黄色，在翅上形成一大块黄色翅斑，其余飞羽黑褐色，羽缘和尖端灰白色。胸和两胁栗褐沾绿黄色或污褐而沾灰色，下胸和腹中央鲜黄色，下腹至肛周灰白色，尾下覆羽鲜黄色，翼下覆羽和腋羽亦为鲜黄色。

由于颜色艳丽，所以它很容易被发现。但是金翅雀在一处停留时间不长，常常在树层中不停地跳跃，因此想要拍摄到它也不是很容易。我在圆明园与清华园多次见到它，金翅雀常常成对或成群结队在一起。金翅雀以草食为主，繁殖期吃虫子。它分布很广泛，俄罗斯、日本和朝鲜都有，中国大部分地区均有它的身影。

侧身站立的金翅雀（摄于圆明园）　　　　站立于树枝上的金翅雀（摄于圆明园）

金翅雀（摄于清华园）

黑尾蜡嘴雀

# 颜色分明的黑尾蜡嘴雀

黑尾蜡嘴雀（拉丁名：*Eophona migratoria*，英文名：Chinese Grosbeak），又名蜡嘴、小桑嘴、皂儿（雄性）、灰儿（雌性），是很有特征的鸟类，其雄雌异形异色。大型燕雀科鸟类，体长17~19厘米。嘴粗大、黄色。雄鸟头部黑色，背、肩灰褐色，腰和尾上覆羽浅灰色，两翅和尾黑色，初级覆羽和外侧飞羽具白色端斑。颏和上喉黑色，其余下体灰褐色或沾黄色，腹和尾下覆羽白色。雌鸟头灰褐色，背灰黄褐色，腰和尾上覆羽近银灰色，尾羽灰褐色，端部多为黑褐色。头侧、喉银灰色，其余下体淡灰褐色，腹和两胁沾橙黄色，其余同雄鸟相似。黑尾蜡嘴雀分布于东亚至东南亚北部。国内除西部地区和海南外，广泛分布，为常见留鸟或候鸟。

黑尾蜡嘴雀无论雄雌，形象都憨态可掬，非常惹人喜爱，也因此成为中国传统笼养鸟种。可见鸟的生存受到人类的影响很大。鸟儿是自由的种类，把它放在笼子里养，岂不伤害了鸟的自由天性？

我根据两张不同的照片画了雌雄在一起的黑尾蜡嘴雀。第一次尝试用纯粹的水彩形式来画鸟，后来这幅画送给了夫人的朋友。

有一次，我在清华园的西门路上，看到树上的黑尾蜡嘴雀，其胸部似乎有一个深的孔洞一样的痕迹，似乎是人用弹弓之类的东西打鸟留下的伤痕，让我对这种鸟的命运很担忧。

黑尾蜡嘴雀（雄性，摄于清华园）

雌雄黑尾蜡嘴雀在一起（摄于清华园）

黑尾蜡嘴雀（雄性，摄于清华园）

北
红
尾
鸲

# 秀美的北红尾鸲

北红尾鸲（拉丁名：*Phoenicurus auroreus*，英文名：Daurian Redstart）是一种很漂亮的鸟，特别是雄性北红尾鸲，头顶灰色，翅膀上有白色翅斑。身体上半部分，几乎是黑色，下体包括腰部以及尾羽则是很鲜艳的棕红色。这使得北红尾鸲变得非常鲜艳醒目。北红尾鸲还有一个明显特征，就是常常停在一个低矮的枝头上抖尾。

据文献记载，北红尾鸲"常单独或成对活动。行动敏捷，频繁地在地上和灌丛间跳来跳去啄食虫子，偶尔也在空中飞翔捕食。有时还长时间地站在小树枝或电线上观望，发现地面或空中有昆虫活动时，才立刻疾速飞去捕之，然后又返回原处。繁殖期间活动范围不大，通常在距巢80~100米范围内活动，不喜欢高空飞翔。每次飞翔距离都不远，一般是在林间短距离地逐段飞翔前进。性胆怯，见人即藏匿于丛林内。活动时常伴随着'滴——滴——滴'的叫声，声音单调、尖细而清脆，根据声音很容易找到它。停歇时常不断地上下摆尾和点头"。

北红尾鸲在北京是夏候鸟、冬候鸟，经常在比较固定的时间段回到清华园或圆明园。

北红尾鸲（摄于清华园）

北红尾鸲（雌鸟，摄于圆明园）

红侯姬鹛

# 小眼聚光的红喉姬鹟

红喉姬鹟（拉丁名：*Ficedula albicilla*，英文名：Taiga Flycatcher），属于小型鸟类，体长11~14厘米。雄鸟上体灰黄褐色，眼先、眼周白色，尾上覆羽和中央尾羽黑褐色，外侧尾羽褐色，基部白色。颏、喉繁殖期间橙红色，胸淡灰色，其余下体白色，非繁殖期颏、喉变为白色。雌鸟颏、喉白色，胸沾棕，其余同雄鸟。

相似种鸲姬鹟（wēng），雄鸟上体黑色具白色眉斑和翅斑，下体颏、喉、胸和上腹橙棕色。雌鸟上体灰褐沾绿，下体颏、喉、胸和上腹淡棕黄色。区别均甚明显。

对于北京而言，红喉姬鹟是旅鸟，在北京停留时间很短。《北京鸟类图鉴》记载，它的居留时间是5月上旬至5月下旬，9月上旬至9月下旬。我的确在9月中旬的圆明园拍到了红喉姬鹟。另外两幅红喉姬鹟的照片却是2018年9月1日拍摄的，这也说明红喉姬鹟在北京停留的时间差不多有一个月。

红喉姬鹟眼睛不大，但是特别明亮。我称之为"小眼聚光"。

红喉姬鹟（摄于圆明园）

红喉姬鹟（上图雌鸟，下图雄鸟，摄于清华园情人坡）

蓝喉歌鸲

# 绚丽多彩的蓝喉歌鸲

　　蓝喉歌鸲（拉丁名：*Luscinia svecica*，英文名：Bluethroat）又称蓝点颏（kē），据文献说蓝喉歌鸲，身体大小和麻雀相似，体长13~16厘米，体重17~18克。头部、上体主要为土褐色，眉纹白色，尾羽黑褐色，基部栗红色。颏部、喉部辉蓝色，下面有黑色横纹。下体白色。雌鸟酷似雄鸟，但颏部、喉部为棕白色。虹膜暗褐色。嘴黑色，脚肉褐色。叫声很好听。分布于中国大部分地区，以及欧洲、非洲北部、俄罗斯、阿拉斯加西部、亚洲中部、伊朗、印度和亚洲东南部等地。

　　就其习性而言，蓝喉歌鸲性情隐怯，喜欢潜匿于芦苇或矮灌丛下，飞行高度甚低，一般只做短距离飞翔。常欢快地跳跃，不去密林和高树上栖息，在地面奔走极快。平时鸣叫为单音，繁殖期发出嘹亮优美的歌声，也能仿效昆虫鸣声。主要以昆虫、蠕虫等为食，也吃植物种子等。蓝喉歌鸲的身体绚丽多彩，特别是夏天在阳光下，更加漂亮。由于其外形漂亮、叫声好听，常常被人捉去笼养。网络上甚至有人介绍蓝点颏的笼养方法，这种把漂亮鸟类据为己有的行为，想来真是有些过分。

　　我在圆明园里，并没有常常见到蓝喉歌鸲。一次是圆明园的鸟友喂食诱拍它，我跟随拍到过；一次是鸟友告诉我，蓝喉歌鸲在圆明园的某处出现了，我去看它，结果看到它在一处芦苇丛中，并且不时地跳出来，在石头边上，到处看看走走，跳来跳去地觅食。大概就这么两三次与蓝喉歌鸲近距离接触。

蓝喉歌鸲（摄于圆明园）

蓝喉歌鸲（摄于圆明园）

　　这几张照片都是同一时间拍摄的。这只蓝喉歌鸲在圆明园停留了半个多月的时间。后来也比较适应环境，与人距离10多米时，也不感到害怕。我拍摄它的地点就在一处有行人走道的湖边。只要有行人走来，它就先看看；当行人离近了，它就钻入芦苇丛；一会儿行人走了，它便又跳出来。

红喉歌鸲

# 迷人的红点颏——红喉歌鸲

红喉歌鸲（拉丁名：*Luscinia calliope*，英文名：Siberian Rubythroat）又称红点颏，属于雀形目鸫科歌鸲属，在歌鸲类里属于较大体型的歌鸲（体长约15厘米，体重22～26克）。红喉歌鸲非常漂亮，有抢眼的白色眉纹，红色的喉部（雄性明显，雌性与亚成鸟略淡）。成年雄鸟上体呈现橄榄褐色；头顶和额部棕褐色；翅羽及尾羽暗褐色；眉纹规整，自嘴基伸展至眼后方为白色；眼先及颊均为黑色；颏和喉赤红色；腹部近于纯白色。雌鸟颏和喉部略近白色，老年雌鸟颏及喉部略染粉红色；胸部砂褐色；眉纹棕白色而不如雄鸟规整；其他部分体表羽色近似雄鸟。嘴壳暗褐色，近嘴基部色淡，足趾略近角黑色。

红喉歌鸲为地栖性鸟类，常栖息于平原地带的灌丛、芦苇丛和竹林间，更多活动于溪流近旁，多觅食于地面或灌丛的低地间。鸣声多韵而悦耳，晨昏鸣唱最多，鸣声尤为动听。我在圆明园看到的红喉歌鸲也是这样，它藏在灌木丛中，一会儿冒头出来看看，一会儿又钻入灌木丛中。这么漂亮的鸟也一样躲不开人类自私的占有欲，其雄性常常成为人类笼养的"笼中鸟"。

红喉歌鸲的背侧面（摄于圆明园）

红喉歌鸲起飞（摄于圆明园）

小太平鸟

# 愿天下太平的鸟——太平鸟

　　有一类鸟，其名称就很有意思，如太平鸟，其意义就是愿天下太平。我在清华园与圆明园多次见过太平鸟，主要是小太平鸟，太平鸟见得比较少。但是2019年冬季，太平鸟光顾清华园与北京其他地方比较多，我和鸟友曾多次拍摄过太平鸟。

　　先说太平鸟。

　　太平鸟（拉丁名：*Bombycilla garrulus*，英文名：Bohemian Waxwing），别名"连雀""十二黄"，为雀形目太平鸟科的鸟类，属小型鸣禽。除繁殖期成对活动外，其他时候多成群活动。体态优美、鸣声清柔，为冬季园林内的观赏鸟类。分布于欧洲北部、亚洲北部和中部及东部、加拿大西部和美国西北部。常栖息于针叶林、针阔混交林和杨桦林，有时亦见于人工林、次生林、果园、城市公园等生态环境。

　　太平鸟一般体长约18厘米，翼展34~35厘米，体重40~64克，寿命约13年。全身基本上呈葡萄灰褐色，头部色深呈栗褐色，头顶有一细长呈簇状的羽冠，一条黑色贯眼纹从嘴基经眼到后枕，位于羽冠两侧，在栗褐色的头部极为醒目。颏、喉黑色。翅具白色翼斑，次级飞羽羽干末端具红色滴状斑。尾具黑色次端斑和黄色端斑，特别是其黄色端斑是其区别于小太平鸟的主要特征。太平鸟耐寒能力强，但夏天怕热。所以，在北京的冬季可以常常看到它的身影。特别是2019年冬季，太平鸟在清华园出现了很多次。2020年初，大群的太平鸟与小太平鸟混群来到清华园，它们落在高大的树上，然后飞下来在湖里或河边喝水。喝水后又飞回到树上休息。它们叽叽喳喳叫个不停，声音盖过了其他的鸟鸣。

太平鸟也是人们喜欢笼养的鸟。它们形象俊美，虽然没有动听的叫声，但经过一段时间的训练就可以完成叼纸牌、取硬币、打水等难度不一的杂耍节目，因而颇受养鸟玩鸟者的喜爱。在市场上的太平鸟大多直接捕捉自野外。这种非法鸟类贸易直接造成了该物种种群数量下降，以北京为例，太平鸟曾经是当地冬季优势鸟种之一，但现在除了在非法鸟市尚可见到该物种，在野外已经难觅它们的身影。另外，城市树种单一，外来种入侵挤占也是造成太平鸟在城市中数量减少的原因。近年来，在圆明园和清华园倒是可以看到它们。这说明，城市生态恢复得不错，人们对于鸟类保护的意识也增强了。

太平鸟（鸟友郭老师拍摄于清华园）

太平鸟（摄于清华园）

再说小太平鸟。

小太平鸟（拉丁名：*Bombycilla japonica*，英文名：Japanese Waxwing）体型、体态都与太平鸟相似。它体长约18厘米，翼展34~35厘米，体重40~64克，寿命通常超过5岁，最长为13岁6个月。属小型鸣禽，全身基本上呈葡萄灰褐色，头部色深呈栗褐色。头顶有一细长呈簇状的羽冠，一条黑色贯眼纹从嘴基经眼到后枕，位于羽冠两侧，在栗褐色的头部极为醒目。它与太平鸟的区别主要是尾羽末端呈红色，而太平鸟的尾羽末端呈黄色。所以，小太平鸟又名"十二红、绯连雀、朱连雀"。

太平鸟的寓意很好，太平太平，天下太平。明代诗人王鏊曾作诗写太平鸟：

· 小太平鸟（上图，摄于清华园）
· 小太平鸟（中左图，摄于清华园）
· 小太平鸟（中中图，鸟友谭老师作品，摄于圆明园）
· 小太平鸟（中右图，摄于清华园）
· 喝水的小太平鸟（下图，摄于清华园）

　　有鸟有鸟名太平，太平时节方来鸣。当今天子神且圣，怪尔日夕无停声。

　　人言此鸟亦如凤，不向梧桐爱蓁莽。上林何树可相依，万年枝上春风动。

　　我完成这篇小文，恰好在平安夜和圣诞节之间。这篇对于太平鸟的记录文章，也算是对天下太平的祝福吧。

东方大苇莺

# "大嘴呱子"——东方大苇莺

东方大苇莺（拉丁名：*Acrocephalus orientalis*，英文名：Oriental Reed Warbler）属于雀形目中的莺科苇莺属。其分布范围较广，国内见于除青藏高原和新疆西部外的广大地区，在海南与台湾也有分布，为常见夏候鸟。东方大苇莺属于体型略大(16.5~19厘米)的褐色苇莺。具显著的白色眉纹。嘴较钝较短且粗，尾较短且尾端色浅，下体色重且胸具深色纵纹；外侧初级飞羽(第九枚)比第六枚长，嘴裂偏粉色而非黄色。其虹膜为褐色；其嘴，上嘴褐色，下嘴偏粉；脚灰色。大苇莺有"ga ga ji"的叫声，而到冬季仅间歇性地发出沙哑似喘息的单音chack。其习性是，喜欢待在芦苇丛、稻田、沼泽及低地次生灌丛中。

东方大苇莺最突出的特色是，抓住芦苇，在芦苇上张大嘴巴，呱呱叫，它一叫就露出粉红色的嘴，即便在远处也很明显。因其叫声，其俗名有柴呱子的说法。也有其他一些别名，如"苇串儿、呱呱唧、剖苇、麻喳喳"。

雨中的东方大苇莺，仍然在大喊大叫（摄于圆明园）

芦苇丛中大叫的大苇莺（摄于圆明园）

立于莲蓬上的大苇莺（摄于圆明园）

黄腰柳莺

# 极其活泼的黄腰柳莺

　　柳莺是最不好拍摄的鸟种。一是在北京，大部分柳莺都是旅鸟，或者夏候鸟，它们所在的时间大部分是夏季到秋季，树上叶子比较多，它们喜欢在树丛中蹦来蹦去，飞来飞去，移动飞快，很少停留在某处，因此很难抓拍到它们片刻停留的身影，或抓取到背景干净的照片。二是柳莺个头很小，一般都比麻雀小半个头，或是麻雀的三分之二大小。它们躲藏在树林里，很难发现它，因此常常是只听叫声，不见身影。三是柳莺种类繁多，之间的区别也不是很大，所以即便拍到柳莺，也很难辨认它们是何种柳莺。比如黄腰柳莺与黄眉柳莺，由于拍摄角度、光影等因素，经常搞混。

黄腰柳莺（摄于圆明园）

黄腰柳莺（拉丁名：*Phylloscopus proregulus*，英文名：Pallas's Leaf Warbler），属于莺科柳莺属，是一种小型的黄绿色柳莺，也有黄色的眉纹。其腰部有抢眼的柠檬黄色，即有黄色横斑。这一点是区别其他同色型柳莺的特征。黄腰柳莺常常在树枝顶端来回穿梭跳跃，极其活泼，因此很难拍摄。在北京属于旅鸟（4月中旬-5月下旬）。

黄腰柳莺（摄于圆明园）

南方的黄腰柳莺，以作比对（摄于广西南宁大学校园

黄眉柳莺

# "黄白眉小仙"——黄眉柳莺

　　黄眉柳莺是一种小型的黄绿色柳莺，与黄腰柳莺的区别是无黄色的腰部。黄眉柳莺（拉丁名：*Phylloscopus inornatus*，英文名：Yellow-browed Warbler），体型纤小，眉纹白黄色；三级飞羽的边缘有浅黄色，但是腰部无黄色横纹，翅膀上有两道黄白色的翅斑。头顶也常常有黄白色的顶冠纹，但是不如黄腰柳莺清晰和鲜明。其眉纹白色略带黄色。所以我称其为"黄白眉小仙"。

　　《北京鸟类图鉴》称黄眉柳莺为旅鸟（4月下旬–5月，9月中旬–10月中旬），我实际上是在11月拍摄过它，记得是在清华园工字厅后的湖边的树枝上看到它的身影，拍摄了几张。它小巧可爱，非常机灵，常常在树枝间穿越，很难拍摄到它清晰的倩影。我还是比较幸运，它看到我时，比较好奇，所以在树枝上停留了几秒，让我多拍了几张。

黄眉柳莺似乎发现了我，偏头看着我（摄于清华园）　　　　黄眉柳莺（摄于清华园）

黑眉苇莺

# 偶尔看到的黑眉苇莺

黑眉苇莺（拉丁名：*Acrocephalus bistrigiceps*，英文名：Black-browed Reed Warbler），小型鸣禽，属于雀形目莺科苇莺属。上体棕褐色，无纵纹，眉纹皮黄且宽阔；眉纹之上有一黑色侧冠纹且比较粗；羽色也是黑色与棕褐色，喜欢栖息于水域附近的灌木丛或苇塘中；对于北京，黑眉苇莺属于夏候鸟、旅鸟（5月中旬–10月中旬）。

黑眉苇莺
（摄于圆明园）

我拍摄到它纯属偶然。2018年拍到它，但是当时不认识它，以为是大苇莺，后来在2019年5月的某一天，我到圆明园狮子林的湖边等候拍摄翠鸟，那几天翠鸟常常停留在狮子林湖边的树枝上。结果看到一只苇莺类型的鸟儿时不时飞到树枝上，开始以为是东方大苇莺，因为东方大苇莺拍得比较多，所以对它并没有太在意。结果等了很长时间，翠鸟没有来，因为无聊，所以把镜头对准了这只从芦苇丛中飞出来的小鸟，拍摄后才发现与常常拍摄的东方大苇莺不太一样。回去一对比，才发现自己又拍摄到之前没有拍到过的鸟类，即黑眉苇莺。很幸运，在无意之中认识了新鸟种，而且黑眉苇莺在北京并不是常见的鸟类。

苍背山雀

摄于圆明园

# 苍背山雀——大山雀的亚种

　　山雀科山雀属的鸟类也不易分辨。最近几年拍摄了一些山雀，前面照片中拍摄的是苍背山雀（该鸟在赵欣如主编的《北京鸟类图鉴》中没有）。苍背山雀（拉丁名：*Parus cinereus*，英文名：Cinereous Tit）属山雀科山雀属，是从大山雀的亚种分化出来的，该鸟属于大山雀中的"爪哇亚种"，即大山雀爪哇亚种（*Parus major cinereus*）。

　　大山雀主要栖息于低山和山麓地带的次生阔叶林、阔叶林和针阔混交林中，也出没于人工林和针叶林，夏季在北方有时可上到海拔1700米的中、高山地带，在南方夏季甚至上到海拔3000米左右的森林中，冬季多下到山麓和邻近平原地带的次生阔叶林、人工林和林缘、疏林、灌丛，有时也进到果园、道旁和地边树丛、房前屋后和庭院中的树上。苍背山雀与大山雀习性大致相同。

黄腹山雀

# 中国特有的黄腹山雀

黄腹山雀（拉丁名：*Parus venustulus*，英文名：Yellow-bellied Tit），小型山雀，属于雀形目山雀科山雀属。体长10~11厘米。雄鸟头和上背黑色，脸颊和后颈各具一白色块斑，在暗色的头部极为醒目。下背、腰亮蓝灰色，翅上覆羽黑褐色，中覆羽和大覆羽具黄白色端斑，在翅上形成两道翅斑，飞羽暗褐色，羽缘灰绿色；尾黑色，外侧一对尾羽大部白色；颏至上胸黑色，下胸至尾下覆羽黄色。雌鸟上体灰绿色，颏、喉、颊和耳羽灰白色，其余下体淡黄绿色。

黄腹山雀在北京属于夏候鸟或旅鸟（4月下旬–10月中旬），少量属于冬候鸟。我下面拍摄的可能属于少量的冬候鸟（拍摄日期是11月下旬）。

黄腹山雀（摄于圆明园）

银喉长尾山雀

（左、右图均摄于清华园）

# 漂亮的银喉长尾山雀

　　银喉长尾山雀（拉丁名：*Aegithalos caudatus*，英文名：Long-tailed Tit），属于雀形目长尾山雀科长尾山雀属，小型鸣禽。银喉长尾山雀属于体型非常小的鸣禽。头顶黑色，具浅色纵纹，头和颈侧呈葡萄棕色（指名亚种头部纯白），背灰尾长，黑色并具白边，下体淡葡萄红色，喉部中央具银灰色斑。尾羽长度与头体长相比有过之而无不及。　其嘴短而细小，发黑色。有长且凸形的黑尾，下体呈淡粉色，似沾了葡萄酒粉红色。由于银喉长尾山雀小巧玲珑，在树枝上特别活跃，因此特别可爱，也特别难拍摄。

　　2016年1月6日，我在清华园散步，第一次在校河边的树丛上看到这可爱的小鸟。我赶紧拿出相机记录了银喉长尾山雀的倩影。后来在2018年、2019年也曾经再次见到银喉长尾山雀。按照《北京鸟类图鉴》记载，银喉长尾山雀属于留鸟。但摄友在北京市内拍摄到的银喉长尾山雀并不多。也许是它体型过于小巧纤细了，如果在夏天、秋天，树叶茂密，你可能根本看不到它的身影。我拍摄银喉长尾山雀大部分时间都是在春或冬。

沼泽山雀

摄于清华园校河边

# 不在沼泽中的沼泽山雀

　　沼泽山雀（拉丁名：*Parus palustris*，英文名：Marsh Tit），属于山雀科山雀属。体长大约12厘米，体型比常见的白脸山雀、大山雀稍小，头顶黑色，头侧白色，上体沙灰褐色，下体灰白色，颏喉黑而肋沾棕灰色。在中国主要分布于东北、华北及以南包括长江流域的广大地区。其习性是一般单独或成对活动，有时混合在其他雀类的群里（如白脸山雀、煤山雀等）。

　　沼泽山雀喜欢栎树林及其他落叶林、密丛、河边林地及果园。主要栖居在山脚溪河及平原河流两旁的松树林、松树和阔叶林混交林间以及城镇公园和风景区等地。非常活跃，几乎一刻不停地在树枝间跳跃、啄食，主食各种昆虫及其幼虫、卵和蛹，如直翅目的蝗虫、同翅目的角蝉、鳞翅目的斑蛾、膜翅目的蚁和蜂、双翅目的蝇等，仅吃少量植物种子。冬天喜欢吸食树干分泌的树汁液。在北京地区，沼泽山雀属于留鸟。

　　2019年1月，我在清华园拍鸟时，坐在校河边的座椅上休息。这时一只沼泽山雀飞落在我斜侧面的树干上，跳来跳去觅食，被我在5~10米内逮个正着，拍到了几张比较好的沼泽山雀照片。

田鹨

摄于圆明园

# 花斑小鸟——田鹨

田鹨（拉丁名：*Anthus richardi*，英文名：Richard's Pipit），俗名大花鹨（liù）、花鹨等，是雀形目鹡鸰科鹨属的鸟类，小型鸣禽，体长16~19厘米。田鹨上体多为黄褐色或棕黄色，头顶和背具暗褐色纵纹，眼先和眉纹皮黄白色。下体白色或皮黄白色，喉两侧有一暗褐色纵纹，胸具暗褐色纵纹。尾黑褐色，最外侧一对尾羽白色。脚和后爪甚长，在地上站立时多呈垂直姿势，行走迅速，且尾不停地上下摆动，野外停栖时，常有规律地上下摆动，腿细长，后趾具长爪，适合在地面行走。

田鹨喜欢在针叶、阔叶、杂木等种类树林或附近的草地栖息，也好集群活动。见于稻田及短草地。急速于地面奔跑，进食时尾摇动。繁殖于东亚至西伯利亚，越冬于东南亚、南亚，东亚亦有越冬记录。

我在圆明园里见到田鹨，约在2015年的夏秋之际。当时我在圆明园里散步，看到一只个头不大、身体有花斑的小鸟。拍摄后查书才知道是田鹨。但并不是在田地上，而是在树枝上拍摄到的。由于距离遥远，且当时的相机长焦不够长，所以没有拍到田鹨的特写照片，很遗憾。

树鹨

摄于圆明园

# 身体纤长的树鹨

树鹨（拉丁名：*Anthus hodgsoni*，英文名：Olive-backed Pipit），俗名麦溜子、树鲁，属于雀形目鹡鸰科鹨属的鸟类。树鹨上体橄榄绿色或绿褐色，头顶具细密的黑褐色纵纹，往后到背部纵纹逐渐不明显。眼先黄白色或棕色，眉纹自嘴基起棕黄色，后转为白色或棕白色、具黑褐色贯眼纹。下背、腰至尾上覆羽几纯橄榄绿色、无纵纹或纵纹极不明显。两翅黑褐色具橄榄黄绿色羽缘，中覆羽和大覆羽具白色或棕白色端斑。尾羽黑褐色具橄榄绿色羽缘，最外侧一对尾羽具大型楔状白斑，次一对外侧尾羽仅尖端白色。颏、喉白色或棕白色，喉侧有黑褐色颧纹，胸皮黄白色或棕白色，其余下体白色，胸和两胁具显著的黑色纵纹。虹膜红褐色，上嘴黑色，下嘴肉粉色，跗跖和趾肉色或肉褐色。喙较细长，先端具缺刻；翅尖长，内侧飞羽（三级飞羽）极长，几与翅尖平齐；尾细长，外侧尾羽具白，野外停栖时，常有规律地上、下摆动，腿细长，后趾具长爪，适于在地面行走。

树鹨以昆虫及其幼虫为主要食物，在冬季兼吃些杂草种子等植物性的食物，所吃的昆虫有蝗虫、蟓象、金针虫、蝇、蚊、蚁等。我在圆明园看到树鹨，开始以为是鹡鸰的一种，拍摄后才知道，它属于鹡鸰科，但不是鹡鸰，而是属于鹨属的树鹨。它身体纤长，非常机灵，常走走停停，走得非常快。这些都是鹡鸰科鸟类的特征。对于北京地区，树鹨是旅鸟，少数为冬候鸟。

# 黄绿色的绿背姬鹟

绿背姬鹟（拉丁名：*Ficedula elisae*，英文名：Green-backed Flycatcher），俗名中华姬鹟，属于雀形目鹟科姬鹟属的鸟类。绿背姬鹟体长12~14厘米，体重11~13.5克，是一种体型小，羽毛主要为黑色及黄色的鹟科鸟类。雄鸟上体及背部绿色，腰黄，翼具白色块斑，具黄色眉纹，下体多为橘黄色。雌鸟上体橄榄绿色，尾棕色，下体浅褐色沾黄。虹膜暗褐色。嘴黑褐色或黑色，脚铅蓝色或黑色。

绿背姬鹟主要栖息于山地阔叶林、针阔混交林和林缘地带，海拔高度可达2500米。常单独或成对活动，多在树冠层枝叶间活动，从树的顶层及树间捕食昆虫，也飞到空中捕食飞行性昆虫。主要以昆虫和昆虫幼虫为食。分布于中国、马来西亚、泰国和越南。被列入《世界自然保护联盟濒危物种红色名录》。

我于2018年在清华园情人坡附近见到绿背姬鹟。当时也是第一次见到这类小鸟。这只黄绿色的小鸟分外机灵，在树枝间跳来跳去，飞来飞去，让我很难拍摄到清晰的照片。后来它落在一根干树枝上，好奇地看着我，我猜它心想：这个人怎么这么烦，老跟着我干吗？在它停留的片刻，我给它拍照若干。

北灰鹟

# 北灰鹟

北灰鹟（拉丁名：*Muscicapa dauurica*，英文名：Asian Brown Flycatcher），雀形目鹟科鹟属鸟类。北灰鹟属于体型略小（约13厘米）的灰褐色鹟。上体灰褐，下体偏白，胸侧及两胁淡灰，眼圈白色，冬季眼先偏白色，嘴比乌鹟或棕尾褐鹟长且无半颈环。新羽的鸟具狭窄白色翼斑，翼尖延至尾的中部。 虹膜褐色，嘴黑色，下嘴基黄色。叫声为尖而干涩的颤音"tit tit"，鸣声为短促的颤音间杂短哨音。

主要分布于欧亚大陆东部，于南亚及东南亚越冬。国内见于东部地区，包括海南及台湾，为常见候鸟。迁徙过境时数量较多。见于各种有树木之处，如林地、行道树、城市公园等。

实际上，2015年我曾在圆明园见过并且拍摄过北灰鹟，不过，由于北灰鹟个头小，身体灰褐色，并不起眼，所以并没有在意。后来在圆明园彩虹桥附近一个小座椅上休息时，旁边一棵树的树干上突然落了一只灰褐色小鸟，我记得当时手上拿着的是一个富士Pro-1的小型机，以230毫米的焦距拍摄的，因为北灰鹟离我特别近，就在我的头侧部，所以拍得还不错。拍摄了一张后，它发现我拿相机对着它，就立刻飞走了。2015年拍摄北灰鹟时，都是以尼康D3X相机600毫米的焦距拍摄的，离得远。不过这时北灰鹟觉得很安全，没有动，所以拍摄得还算清晰。

北灰鹟（摄于圆明园）

北灰鹟（摄于圆明园）

黄喉鹀

摄于圆明园

# 头顶黄黑冠的黄喉鹀

黄喉鹀（拉丁名：*Emberiza elegans*，英文名：Yellow-throated Bunting），属小型鸣禽，雀形目鹀（wú）科鹀属。黄喉鹀体长约15厘米。喙为圆锥形，与雀科的鸟类相比较为细弱，上下喙边缘不紧密切合而微向内弯，因而切合线中略有缝隙；雄鸟有一短而竖直的黑色羽冠，眉纹自额至枕侧长而宽阔，前段为黄白色，后段为鲜黄色。背栗红色或暗栗色，颏黑色，上喉黄色，下喉白色，胸部有黑色三角形斑，其余下体白色或灰白色。雌鸟和雄鸟大致相似，但羽色较淡，头部黑色转为褐色，前胸黑色三角形斑不明显或消失。一般主食植物种子。

黄喉鹀，非繁殖期常集群活动，繁殖期在地面或灌丛内筑碗状巢。分布于俄罗斯、朝鲜、日本和中国等地。栖息于低山丘陵地带的次生林、阔叶林、针阔混交林的林缘灌丛中，尤喜河谷与溪流沿岸疏林灌丛，也栖息于生长有稀疏树木或灌木的山边草坡以及农田、道旁和居民点附近的小块次生林内。黄喉鹀也常常结成小群活动于山麓、山间溪流平缓处的阔叶林间以及山间的草甸和灌丛，极少活动于针叶林带，迁徙季节亦不结大群，途中会选择平原的杂木阔叶林落脚。

在圆明园，我很早就曾拍摄到黄喉鹀，但当时不认识。最近鸟友拍摄黄喉鹀，我才意识到，自己早先拍摄的就是黄喉鹀。这里只找到2018年3月拍摄的黄喉鹀照片若干。

根据鸟友谭老师在圆明园拍摄的黄喉鹀，我画了黄喉鹀的水彩彩铅画。黄喉鹀是不是挺漂亮?

小鸟

摄于圆明园

# "虎头儿"的小鹀

        何谓"小鹀"？查《辞海》，小鹀（拉丁名：*Emberiza pusilla*，英文名：Little Bunting）俗名高粱头、虎头儿、铁脸儿、花椒子儿、麦寂寂，雀形目鹀科鹀属，体重11~17克；体长12~14厘米。属小型鸣禽。喙为圆锥形，与雀科的鸟类相比较为细弱，上下喙边缘不紧密切合而微向内弯，因而切合线中略有缝隙；体羽似麻雀，外侧尾羽有较多的白色。雄鸟繁殖羽头部赤栗色。头侧线和耳羽后缘黑色，上体余部大致沙褐色，背部具暗褐色纵纹。下体偏白，胸及两胁具黑色纵纹。雌鸟及雄鸟非繁殖羽羽色较淡，无黑色头侧线。虹膜褐色；上嘴近黑色，下嘴灰褐；脚肉褐色。一般主食植物种子。非繁殖期常集群活动，繁殖期在地面或灌丛内筑碗状巢。繁殖于欧亚大陆北部，冬季南迁至印度北部、中国河北至云南一线的南部（包括台湾和海南）及东南亚。喜有低矮灌丛的开阔针叶林、针阔混交林及落叶林，高可至海拔2500米。

        我拍摄小鹀是在北京的5月，在圆明园看到它时以为是麻雀，不过它略小于麻雀，而且样态可掬，虎头虎脑。拍摄后看片子，才知道不是麻雀，而是一种鹀。请教鸟友才知道是小鹀。

# 头顶菊花的小肉球——戴菊

　　戴菊（拉丁名：*Regulus regulus*，英文名：Goldcrest），雀形目戴菊科戴菊属的鸟类。大概是最小的鸣禽之一，体长约9厘米。长着绿白色的身体，头部有鲜黄色条纹。戴菊主要栖息在松柏林里，在树枝上不断跳跃捕捉昆虫，还吃它们的卵。据说戴菊用苔藓和蜘蛛网做成杯状的巢，并把巢挂在树枝的底部。每次可产卵7~12枚。

　　戴菊科是由过去的莺科分出来的，广泛分布于欧亚大陆北部及高山地带。国内于中西部及西南部高海拔针叶林为留鸟，于东北部为夏候鸟，冬候鸟见于东北、华北、华东地区及台湾。喜各种针叶林生态环境，好动而常悬停取食树液。

　　戴菊又小又胖，头顶黄带菊花，甚是好玩。2018年，我在北京第一次拍摄到戴菊。之前曾经在梵净山拍摄到戴菊，戴菊不甚怕人。在清华园拍摄它的时候，也就距离3米左右。本来在拍摄其他鸟，它突然落在离我头顶不远的枝条上，并且停在那里不动了，我趁机拍摄了好几张，但是由于角度的问题，它头顶的黄色菊花却显露得不够。

四声杜鹃

# 不营巢的杜鹃

　　杜鹃，不是一个鸟的品种名称，而是鹃形目杜鹃科所有鸟的通称。杜鹃科属于中型攀禽。赵欣如主编的《北京鸟类图鉴》说杜鹃体形似鸽子，稍瘦长。北京地区有3属8种杜鹃。此类均属于巢寄生种类，即把鸟卵产于其他鸟类巢中，雏鸟由义亲代孵代养。成语中说"鹊巢鸠占"，其实不是斑鸠占了喜鹊的窝，而是杜鹃占了其他鸟类的窝。不过不同的杜鹃属，占的是不同鸟类的窝，比如红翅凤头鹃喜欢占画眉、鹊鸲的窝，大鹰鹃喜欢占冠纹柳莺的窝，四声杜鹃喜欢占灰喜鹊、黑卷尾的窝，大杜鹃喜欢大苇莺的窝，而小杜鹃喜欢柳莺、鹪鹩、鹟科鸟类的窝……我拍摄的图片经过鸟友辨认，认为是四声杜鹃。故本节的文字与图片主要以四声杜鹃的记录为主。另外，我还在清华园里拍摄到杜鹃的幼鸟一次。黑色带白色横纹，个头很大。

　　四声杜鹃（拉丁名：*Cuculus micropterus*，英文名：Indian Cuckoo），俗名光棍好苦、花喀咕等，属于鹃形目杜鹃科杜鹃属。体型比鸽子略大。

　　四声杜鹃，头顶和后颈浅灰色；头侧浅灰，眼先、颏、喉和上胸等色更浅 ；上体余部和两翅表面深褐色；尾与背同色，但近端处具一道宽黑斑。下体自下胸以后均白色，杂以黑色横斑，与大杜鹃相仿，黑斑宽度可达4毫米，斑距6~8毫米。雌鸟较雄鸟多褐色。亚成鸟头及上背具偏白的皮黄色鳞状斑纹。常隐栖树林间，平时不易见到。叫声格外洪亮，四声一度，音拟"快快布谷"。每隔2~3秒钟一叫，有时彻夜不停。杂食性，啄食松毛虫、金龟甲及其他昆虫，也吃植物种子。不营巢，在大苇莺、黑卷尾等鸟的巢中产卵，卵与寄主卵的外形相似。见于中国东部沿海地区，从东北直至海南省。对于北京来说，四声杜鹃是夏候鸟。

　　杜鹃的故事很多，它们有各种俗名与古名，子规，即杜鹃；布谷鸟，即杜鹃的别名。"阴天打酒喝酒"即小杜鹃拟声的俗名。四声杜鹃叫声则像在诉说："光棍好苦"。

· 鸟友拍摄的大苇莺喂杜鹃雏鸟，以示意大多数杜鹃都是义亲带大的（左图）
· 四声杜鹃雏鸟，当时坡上正在喷水（右图，摄于清华园情人坡）

四声杜鹃飞走了（摄于圆明园狮子林）

棕背伯劳

# 凶猛又有故事的伯劳

  这里的伯劳，也不是一种鸟，而是雀形目中伯劳科鸟类的统称。伯劳，小型鸣禽。嘴大而且强壮。上嘴前端有钩和缺刻，似鹰嘴，嘴还有须，翅短圆，通常呈凸尾状。脚强健，趾有利钩，说明伯劳是食肉性鸟类。它们常常停留在树顶枯枝上，窥视猎物。其性情凶猛，喜食蛙类、蜥蜴、鼠类、小鸟和大型昆虫。据《北京鸟类图鉴》，全世界该科鸟类有3属31种；国内有1属12种；北京地区有1属6种。我在圆明园和清华园里大概拍摄过两三种伯劳，如红尾伯劳（拉丁名：*Lanius cristatus*，英文名：Brown Shrike）、灰背伯劳（拉丁名：*Lanius tephronotus*，英文名：Grey-backed Shrike）等。

  伯劳，俗称虎不拉，是重要的食虫鸟类。它们大都栖息在丘陵开阔的林地。常栖于树顶，到地面捕食，捕取后返回树枝，常将猎获物挂在带刺的树上，在树刺的帮助下，将其杀死，撕碎而食之，故有人称其为屠夫鸟。巢呈杯状，置于有棘的树木或灌丛间。卵上常具有略呈暗褐色的、大小不等的杂斑。它们大多数为我国的候鸟。

· 红尾伯劳
　（上图，摄于圆明园）
· 红尾伯劳幼鸟
　（下图，摄于清华园）

　　"伯劳"在中国历史上还是个重要角色：《左传·昭公·昭公十七年》曰："我高祖少昊挚之立也，凤鸟适至，故纪于鸟，为鸟师而鸟名：凤鸟氏，历正也；玄鸟氏，司分者也；伯赵氏，司至者也；青鸟氏，司启者也；丹鸟氏，司闭者也。"说的是上古时代利用五种候鸟的不同迁徙时间来制定历法。少昊登基之时，恰是凤鸟飞来之日，因此"凤鸟氏"成为掌管历法的总负责人，叫作"历正"，位列在百官之首。其后四种是历正的属官："玄鸟"是燕子，春分来，秋分走，掌管春分、秋分；"伯赵"即伯劳，夏至鸣，冬至止，掌管夏至、冬至；"青鸟"立春鸣，立夏止，立春、立夏叫启；"丹鸟"是锦鸡，立秋鸣，立冬止，立秋、立冬叫闭。另外，成语"劳燕分飞"中的劳，即伯劳。所以，别看伯劳凶猛，它比其他很多鸟都有故事。

丝光椋鸟

# 身披绸缎的丝光椋鸟

丝光椋（liáng）鸟（拉丁名：*Sturnus sericeus*，英文名：Silky Starling），俗名丝毛椋鸟，属于雀形目椋鸟科椋鸟属。丝光椋鸟雄鸟整个头和颈白色微缀有灰色，有时还沾有皮黄色，这些羽毛狭窄而尖长呈矛状，披散至上颈，悬垂于上胸。背灰色，颈基处较暗，往后逐渐变浅，到腰和尾上覆羽为淡灰色。肩外缘白色。两翅和尾黑色具蓝绿色金属光泽，小覆羽具宽的灰色羽缘，初级飞羽基部有显著白斑，外侧大覆羽具白色羽缘。头侧、颏、喉和颈侧白色，上胸暗灰色，有的向颈侧延伸至后颈，形成一个不甚明显的暗灰色环。下胸和两胁灰色，腹至尾下覆羽白色，腋羽和翅下覆羽亦为白色。

雌鸟和雄鸟大致相似，头顶棕白色，头顶后部至后颈暗灰色，其余上体灰褐色，往后变淡。腰和尾上覆羽灰色，额、颏、喉、眉纹和耳羽灰白色，胸淡皮黄灰色，其余下体灰白色，两翅和尾似雄鸟。

我在两个园子里见到灰椋鸟比较多，见到丝光椋鸟比较少。而且北方的丝光椋鸟也不如南方的丝光椋鸟漂亮。丝光椋鸟最漂亮的地方就像是披了一身光鲜亮丽的绸缎。特别是雄鸟，像是围了一条白色的丝巾，走起路来高傲华贵。

丝光椋鸟（左雌右雄，摄于清华园）

丝光椋鸟
（上图雌鸟，中图雌鸟，下图雄鸟，
摄于清华园）

灰椋鸟

# "高粱头"的灰椋鸟

灰椋鸟（拉丁名：*Sturnus cineraceus*，英文名：White-cheeked Starling），俗名高粱头、竹雀、假画眉、哈拉燕等，是雀形目椋鸟科椋鸟属的物种。我在清华园和圆明园常常看到灰椋鸟。一到秋冬季，灰椋鸟就成为圆明园、清华园的常住民。

雄灰椋鸟头顶、头侧、后颈和颈侧黑色微具光泽，额头和头顶前部杂有白色，眼周灰白色杂有黑色，颊和耳羽白色亦杂有黑色。背、肩、腰和翅上覆羽灰褐色，小翼羽和大覆羽黑褐色，飞羽黑褐色，初级飞羽外翈具狭窄的灰白色羽缘，次级和三级飞羽外翈白色羽缘变宽。尾上覆羽白色，中央尾羽灰褐色，外侧尾羽黑褐色，内翈先端白色。颏白色，喉、前颈和上胸灰黑色具不甚明显的灰白色矛状条纹。下胸、两胁和腹淡灰褐色，腹中部和尾下覆羽白色。翼下覆羽白色，腋羽灰黑色杂有白色羽端。雌鸟和雄鸟大致相似，但仅前额杂有白色，头顶至后颈黑褐色。颏、喉淡棕灰色，上胸黑褐色具棕褐色羽干纹。虹膜褐色，嘴橙红色，尖端黑色，跗跖和趾橙黄色。

灰椋鸟主要取食昆虫，冬季则以各种植物的果实与种子为主。分布于亚洲东部及东南亚地区，中国为黑龙江以南至辽宁、河北、内蒙古以及黄河流域一带的夏候鸟，迁徙及越冬时普遍见于东部至华南广大地区。近年来，部分种群在北京地区已经成为留鸟（过去主要是旅鸟、冬候鸟，少数为夏候鸟）。

灰椋鸟的最大特征是其嘴大且长，张开时，可以咧到耳根。张开嘴吃食时，灰椋鸟的嘴特别像人们常用的扳手一样，张得很开，而且有一个弧度。

还有，灰椋鸟的颜色很杂，灰中带黑，灰中带白，灰中带棕。说起其俗名中的高粱头，的确比较形象。其头部真的很像高粱头的颜色。

· 灰椋鸟在清华园情人坡觅食（左图，摄于清华园）
· 灰椋鸟（右图，摄于清华园）

·一对灰椋鸟在清华园（上图，摄于清华园情人坡东）
·椋鸟群集打架（下图，摄于清华园北门内小树林）

北椋鸟

# 黑白相间的北椋鸟

以前对于北椋鸟一点印象也没有，一直以来，常常把它与丝光椋鸟混在一起，错认为丝光椋鸟。等到真正认识丝光椋鸟以后，才发现我在校园里曾经见过北椋鸟。

北椋鸟（拉丁名：*Sturnia sturnina*，英文名：Daurian Starling），别名燕八哥、小椋鸟，雀形目椋鸟科椋鸟属的鸟类。在椋鸟属里，北椋鸟体型略小（约长18厘米）。成年雄鸟背部呈紫黑色；两翼黑色闪绿色金属辉光并具醒目的白色翼斑；头及胸灰色，颈背具黑色斑块；腹部白色。与紫背椋鸟的区别在颈背斑块黑色且颈侧无栗色。雌鸟上体烟灰色，颈背具褐色点斑，两翼及尾黑色。亚成鸟浅褐色，下体具褐色斑驳。虹膜褐色，嘴近黑色，脚绿色。

我拍摄的北椋鸟在草地里，所以文献中关于北椋鸟的那些特征，有好几种看不出来。但是主要特征在照片里都显现出来了。北椋鸟常常栖息于阔叶林或田野，食植物果实、种子、昆虫；叫声变化多端，营巢于树洞和墙缝中，善模仿。因此也常常成为人类笼养的鸟类。

2015年暑假的一天，我在校园里拍鸟，走到工字厅前的草地边，看到好几种椋鸟，其中有丝光椋鸟，还有这种北椋鸟，两者远看差不多，身体都是灰白色居多。后来拍摄完成后，才发现两者有些细微的差别，北椋鸟的喙短粗呈深色，头颈及下体同色。

白骨顶鸡

# 不是白骨精的白骨顶鸡

白骨顶鸡（拉丁名：*Fulica atra*，英文名：Eurasian Coot），属于鹤形目秧鸡科骨顶鸡属的鸟类。它头具额甲，白色，端部钝圆；翅短圆；体羽全黑或暗灰黑色，多数尾下覆羽有白色，两性相似。栖息于有水生植物的大面积静水或近海的水域。善游泳，能潜水捕食小鱼和水草，游泳时尾部下垂，头前后摆动，遇有敌害能较长时间潜水。杂食性，但主要以植物为食，其中以水生植物的嫩芽、叶、根、茎为主，也吃昆虫、蠕虫、软体动物等。分布于欧洲、非洲北部、东亚、南亚、东南亚及澳大利亚等地区。国内常见于东北、西北、华北、华南、华东、西南等地区，于黄河以北大部分地区为夏候鸟、黄河以南大部分地区为冬候鸟。

2016年5月，我第一次在圆明园里看到它，之前因为拍摄黑水鸡而查阅资料，脑里有白骨顶鸡的印象，不觉得生疏，但第一次拍摄它还是比较兴奋。它头骨上的白色额甲是最有特色的，这个不是白骨精的白骨顶鸡，感觉样态比较憨厚。

黑水鸡喂雏

# 大脚黑水鸡

黑水鸡（拉丁名：*Gallinula chloropus*，英文名：Common Moorhen），体长24~35厘米。中型涉禽，属于鹤形目秧鸡科黑水鸡属。通体黑褐色，嘴黄色，嘴基与额甲红色，两胁具白色细纹，尾下覆羽两侧亦为白色，中间黑色，黑白分明，甚为醒目。脚黄绿色，脚上部有一鲜红色环带，亦甚醒目。嘴长度适中，鼻孔狭长；头具额甲，后缘圆钝；嘴和额甲色彩鲜艳。翅圆形，第2枚初级飞羽最长，或第2枚和第3枚初级飞羽等长，第1枚约与第5枚或第6枚等长。尾下覆羽白色。趾很长，中趾不连爪，约与跗跖等长。趾具狭窄的直缘膜或蹼。游泳时身体露出水面较高，尾向上翘，露出尾后两团白斑，很远即能看见。栖息于灌木丛、蒲草、苇丛，善潜水，多成对活动，以水草、小鱼虾、水生昆虫等为食。广布于除大洋洲以外的世界各地。

大概在两三年前，我在圆明园第一次看到黑水鸡。我还非常奇怪，怎么"鸡"也可以凫水？资料记载，"不做远距离飞行，飞行速度缓慢，也飞得不高，常常紧贴水面飞行，飞不多远又落入水面或水草丛中"，那它们是从哪里飞到圆明园的呢？后来在关于鸟类的图书中逐渐了解了这类鸟的特征，即它们属于涉禽。开始看到它们也就一两对儿，现在它们也落户于圆明园，生儿育女。

2019年末，我去圆明园散步，居然看到一大群黑水鸡，有成年的黑水鸡，也有亚成的黑水鸡，而且它们也不像当年那样害怕人。大概是游人在冬天游览圆明园时经常给它们投喂食物的结果吧。按照《北京鸟类图鉴》记载，它们应该是夏候鸟，但近年来，我经常在冬天看到它们的身影，特别是2019年冬天的圆明园，由于有冰，也有活水，加上有游人投食，并且有黑天鹅和赤麻鸭、绿头鸭陪伴，它们并不寂寞。

黑水鸡还有一大特征，脚特别大。我拍摄过黑水鸡的雏鸟，它的脚是其身体的三分之一到二分之一大小。我因此给黑水鸡起了一个绰号：大脚黑侠。

黑水鸡以动物性食物为主。它们白天活动和觅食，主要沿水生植物边上游泳，仔细搜查和啄食叶、茎上的昆虫或落入水中的昆虫，有时也在水边浅水处涉水取食。不过，我在武汉确实看到也拍到黑水鸡吃鱼，鱼还比较大，说明了黑水鸡食物的丰富性。

黑水鸡（摄于圆明园）

· 黑水鸡喂雏（摄于圆明园）
· 黑水鸡雏鸟，看看脚有多大（摄于圆明园）
· 踩蛋的黑水鸡，旁边还有一只小黑水鸡（摄于圆明园）
· 吃鱼的黑水鸡（摄于华中科技大学）
· 黑水鸡一家（摄于圆明园）

清华校河里的鸳鸯

# 乌仁哈钦——鸳鸯

　　鸳鸯是需要多写的鸟儿。鸳鸯（拉丁名：*Aix galeri-culata*，英文名：Mandarin Duck），别名中国官鸭、乌仁哈钦、匹鸟、邓木鸟，其中"乌仁哈钦"是蒙古语，意思是五彩斑斓的鸟儿。鸳鸯有一蒙语名字，我很高兴，而且确如蒙古语所说，它是一种色彩斑斓、五颜六色的鸟。鸳鸯也是中国著名的观赏鸟。由于这一特征，鸳鸯被捕捉的也特别多。从鸟类学分类而言，鸳鸯属于雁形目鸭科鸳鸯属。鸳鸯是中型游禽，雄鸟额和头顶中央翠绿色，并具金属光泽；枕部铜赤色，与后颈的暗紫绿色长羽组成羽冠。眉纹白色，宽而且长，并向后延伸构成羽冠的一部分。眼先淡黄色，颊部具棕栗色斑，眼上方和耳羽棕白色，颈侧具长矛形的辉栗色领羽。背、腰暗褐色，并具铜绿色金属光泽；内侧肩羽紫色，外侧数枚纯白色，并具绒黑色边；翅上覆羽与背同色。初级飞羽暗褐色，外翈具银白色羽缘，内翈先端具铜绿色光泽；次级飞羽褐色，具白色羽端，内侧数枚外翈呈金属绿色；三级飞羽黑褐色，外翈亦呈金属绿色，与内侧次级飞羽外翈上的绿色共同组成蓝绿色翼镜，最后一枚三级飞羽外翈为金属绿色，具栗黄色先端，而内翈则扩大成扇状，直立如帆（即雄性的帆羽），栗黄色，边缘前段为棕白色，后段为绒黑色，羽干黄色。尾羽暗褐色而带金属绿色。颏、喉纯栗色。上胸和胸侧暗紫色，下胸至尾下覆羽乳白色，下胸两侧绒黑色，具两条白色斜带，两胁近腰处具黑白相间的横斑，其后两胁为紫赭色，腋羽褐色。

在中国文化里，鸳鸯被誉为"爱情鸟"，人们常用鸳鸯来比喻男女之间的爱情，因为总是看到鸳鸯出双入对，以为相守的鸳鸯是可以一辈子守护忠贞不渝的爱情与婚姻的鸟儿。事实上，鸳鸯只在繁殖期对爱情和婚姻忠贞不贰。不过这并不妨碍人类拿鸳鸯作为忠贞不渝的象征。在《诗经·小雅·鸳鸯》里，就有鸳鸯的字句，如鸳鸯于飞，如鸳鸯在梁……

我爱上拍鸟，始于鸳鸯。在2006—2008年，我和爱人在圆明园散步，走在一处湖边转弯处，忽然看到距我3~5米远的岸边石头上有一只色彩十分艳丽、尾巴像帆船尾的鸟儿。我赶紧拿起刚买的新相机拍摄了3~5张，它才飞走。回来一查才知道，这是一只雄性的鸳鸯。所以应该特别感谢鸳鸯，带我走入了鸟类摄影的世界。后来在清华园和圆明园多次见到鸳鸯，也拍摄了不少关于鸳鸯的照片。这几年里，清华园的鸳鸯不如北大未名湖的鸳鸯多，并且未名湖的鸳鸯已经成为留鸟，长期驻守在未名湖。两个学校离得如此之近，为什么清华的荷塘里很少有鸳鸯呢？后来从鸟友那里知道，清华园曾经发生过有人拿弹弓打鸳鸯的事情，导致鸳鸯不怎么来，也不在清华园长待了，这真是清华园的悲哀。这也说明鸳鸯是有认知记忆的，而且它们可以把对生存有威胁和对生存利好的记忆传递给群体和后代，正如《鸟类的天赋》中所记载和讲述的，对渡鸦和其他鸟类的研究表明，我们人类对鸟类天赋的了解是远远不够的。

下图拍摄的是2016年清华园荷塘里的鸳鸯，那时鸳鸯在清华园的荷塘还比较自在。

雌性鸳鸯与它的孩子们在荷塘休息

· 一对鸳鸯
· 雄性鸳鸯为雌性鸳鸯打架
· 有一只被赶走了
· 鸳鸯的守护
（摄于圆明园）

2019年3月我在圆明园散步，看到一对鸳鸯在湖边歇息，一会儿又来了一只雄性鸳鸯，结果可想而知，两只雄性鸳鸯打起架来。我当然分辨不出最后是入侵者胜利了还是原来的雄性鸳鸯胜利了，总之有一只雄性鸳鸯被赶走了。那场面，打得水花四溅……

· 飞翔的鸳鸯（上图，摄于圆明园）
· 落在树上的鸳鸯（下图，摄于圆明园，至少7只，见标号）

小田鸡

# 秧鸡科中的小田鸡

　　小田鸡（拉丁名：*Porzana pusilla*，英文名：Baillon's Crake），别称小秧鸡，是鹤形目秧鸡科田鸡属的鸟类，小型涉禽。小田鸡共有7个亚种。体长15~19厘米，嘴短，背部具白色纵纹，两胁及尾下具白色斑纹。雄鸟头顶及上体棕褐，具黑白色纵纹；胸及脸灰色。雌鸟色暗，耳羽褐色。幼鸟颏偏白，上体具圆圈状白色斑点，同时上体褐色较浓且多白色斑点，两胁多横斑，嘴基无红色，腿偏粉色。常栖息于富有芦苇等水边植物的湖泊、河流、沼泽、水塘等地带。能够快速而轻巧地穿行于芦苇中，极少飞行，也常单独行动，性胆怯，受惊即迅速窜入植物中。杂食性，但食谱中大部分为水生昆虫及其幼虫。分布于欧洲、东亚、东南亚、南亚等地区。国内分布于东北、华北、华南、华东等地区及台湾，为候鸟。

　　我第一次在圆明园湖里见到小田鸡大约在2016年。后来再没有看到过，可能不是它没有在，而是我没有看到它，我希望是后者。它在远处，与黑水鸡的雏鸟以及其他秧鸡很像，由于没有在意，没有刻意地拍摄它。

小
鸊
鷉

# 小巧的潜水能手小䴙䴘

䴙（pì）䴘（tī）在鸟类分类中，是单独一个目，叫䴙䴘目。䴙䴘目只有一个科，叫䴙䴘科。䴙䴘目的鸟类，有些共同的特征，如体形像鸭，颈细长，嘴细长，直而尖。翅短，尾羽一般都退化为几根绒羽，后肢后移。具有瓣状蹼，善潜水。属于䴙䴘目的鸟类并不太多，列入《北京鸟类图鉴》介绍的䴙䴘目，有"小䴙䴘、赤颈䴙䴘、凤头䴙䴘、角䴙䴘、黑颈䴙䴘"等五种。在北京，特别是在圆明园，我见过两种䴙䴘，一种是小䴙䴘（小䴙䴘在春天、夏天、秋天都可以看到，冬季似乎很少看到），另一种是凤头䴙䴘，因为它是旅鸟，比较罕见。下面先说一下小䴙䴘。

小䴙䴘（拉丁名：*Tachybaptus ruficollis*，英文名：Little Grebe），体长25~29厘米，翼展40~45厘米。枕部具黑褐色羽冠；成鸟上颈部具黑褐色杂棕色的皱领；上体黑褐色，下体白色。善于游泳和潜水，常潜水取食，以水生昆虫及其幼虫、鱼、虾等为食。通常单独或成分散小群活动。繁殖时在水上相互追逐并发出叫声，有占据一定地盘的习性。繁殖期在沼泽、池塘、湖泊中丛生的芦苇、灯芯草、香蒲等地营巢，每窝产卵4~7枚，卵形钝圆，污白色，雌雄轮流孵卵。分布于欧亚大陆和非洲。《北京鸟类图鉴》介绍，对于北京地区而言，它是夏候鸟、冬候鸟、旅鸟、留鸟。好像所有居留状况都占全了，小䴙䴘什么样子呢？见下图。

小䴙䴘（摄于圆明园）

小鸊鷉，是小巧玲珑的鸊鷉。长得并不好看，由于经常潜水，身上的羽毛也显得湿漉漉的。它是潜水的能手，而且潜水时间很长。常常你在远处用相机对准它了，它却一头扎入水中，然后要等好几秒，而且在很远的地方才重新冒头出来。

小鸊鷉及其雏鸟（摄于圆明园）

风
头
䴙
䴘

# 立在水面上跳"芭蕾"的凤头䴙䴘

凤头䴙䴘（拉丁名：*Podiceps cristatus*，英文名：Great Crested Grebe），别名浪里白、水老呱、水驴子。后面两个别名有损于凤头䴙䴘的形象。凤头䴙䴘是很漂亮的䴙䴘，头上有凤冠，身体颜色也很靓丽。

雄鸟和雌鸟比较相似，身体很像鸭子，但较为肥胖，嘴形直，细而侧扁，端部很尖；鼻孔透开，位置靠近嘴的基部；眼先裸露，颈部较为细长，翅膀短小，具有12枚初级飞羽，但第一枚退化，次级飞羽则缺少第五枚。尾巴更短，仅剩几根柔软的绒羽，或几乎没有。两只脚的位置在身体的后部，靠近臀部，跗跖侧扁，适于潜水生活；四个脚趾上都有宽阔的像花瓣一样的脚蹼。爪钝而宽阔，呈指甲状，中趾的内缘呈锯齿状，后趾短小，位置比其他各趾高，或者缺如。身体上的羽毛短而稠密，具有抗湿性，不透水；具有副羽，尾脂腺也被履羽。雏鸟为早成性鸟。

凤头䴙䴘是体型最大的一种䴙䴘，体长46~51厘米，体重为0.5~1千克。嘴又长又尖，从嘴角到眼睛还长着一条黑线。它的脖子很长，向上方直立着，通常与水面保持垂直的姿势。夏季时头的两侧和颏部都变为白色，前额和头顶却是黑色，头后面长出两撮小辫一样的黑色羽毛，向上直立，所以被叫作凤头鸊鷉。它的颈部还围有一圈由长长的饰羽形成的像小斗篷一样的翎领，基部是棕栗色，端部是黑色，极为醒目。凤头鸊鷉广泛分布于欧洲、亚洲、非洲和大洋洲，部分繁殖于欧亚大陆，越冬于大洋洲、非洲及欧亚大陆南部。国内广布于各地，于黄河以南大部分地区越冬。繁殖期发出低沉、响亮、带颤音的叫声，越冬时通常安静无声。

按照《北京鸟类图鉴》，对于北京而言，凤头鸊鷉是旅鸟。一般每年的3-5月、9-11月，在北京的湖面上可见。另外，凤头鸊鷉在求偶期，会在湖面上跳起"芭蕾"，雄性与雌性会"胸对胸"顶在一起，"舞蹈"的姿势特别有个性，也非常漂亮。可惜因为各种原因，我始终没有在凤头鸊鷉光临北京湖面时，拍摄到它们求偶的精彩画面。

凤头鸊鷉刚来北京时，主要落于颐和园昆明湖面，嬉戏、活动与栖居。当时看到一些鸟友拍摄的昆明湖里的凤头鸊鷉，好生羡慕，还遗憾自己可能（因身体抱恙，走不了远路）看不到凤头鸊鷉了。后来，凤头鸊鷉终于在圆明园出现了，我心里好高兴。在圆明园里三次遇到凤头鸊鷉，拍摄了一些凤头鸊鷉的照片，由于离得比较远，照片并不是非常理想。

我自己拍摄的凤头鸊鷉照片如下页图。

圆明园里一对凤头䴙䴘（摄于圆明园大白桥西）

雌雄秋沙鸭

# 头型特别的普通秋沙鸭

普通秋沙鸭（拉丁名：*Mergus merganser*，英文名：Common Merganser），是秋沙鸭中个体最大的一种，体长58~68厘米，体重最大可达2千克。雄鸟头和上颈黑褐色而具绿色金属光泽，枕部有短的黑褐色冠羽，使头颈显得较为粗大。下颈、胸以及整个下体和体侧白色，背黑色，翅上有大块白斑，腰和尾灰色。雌鸟头和上颈棕褐色，上体灰色，下体白色，冠羽短，棕褐色，喉白色，具白色翼镜，特征亦甚明显，容易鉴别。常成小群，迁徙期间和冬季，也常集成数十只甚至上百只的大群，繁殖于欧洲北部、西伯利亚、北美北部以及中国西北和东北地区，越冬在繁殖地以南，几乎遍及整个北半球。

普通秋沙鸭是中国秋沙鸭中数量最多、分布最广的一种，冬季和迁徙期间常见于中国东部和长江流域，而且种群数量较大，遍布于各种湖泊、山区溪流和低地。但近年来已不常见，而且种群数量越来越少。据国际水禽研究局1990年和1992年组织的亚洲隆冬水鸟调查，1990年中国见到3466只，1992年见到7256只。在全球的种群数量，北美的越冬种群数量约165000只，欧洲西北部约75000只，俄罗斯西部黑海和里海地区约26000只。在亚洲，西亚79只，南亚317只，东亚10305只。

该物种分布范围广，不接近物种生存的脆弱濒危临界值标准（分布区域或波动范围小于20000平方千米，栖息地质量、种群规模、分布区域碎片化），种群数量趋势稳定，因此被评价为无生存危机的物种。

我在圆明园里见到普通秋沙鸭两次，都是听鸟友说圆明园里来了秋沙鸭，这才在圆明园里看到它们。由于距离比较远，拍摄的照片质量不是很好，只能看作第一次看到秋沙鸭的记录吧。不过，雌性秋沙鸭的头型很特别，很时髦，有点像当代后现代青年"朋克"的怪发型。

雌雄秋沙鸭（摄于圆明园）

雄性秋沙鸭在湖中扇翅膀（摄于圆明园）

黄苇鳱捕鱼

# 捕鱼能手黄苇鳽

　　黄苇鳽（拉丁名：*Ixobrychus sinensis*，英文名：Yellow Bittern），别名黄斑苇鳽（jiān）、小黄鹭、黄秧鸡、黄小鹭、黄雀子。黄苇鳽是鹭科苇鳽属的鸟类，一种小型鹭科鸟类。栖息于平原和低山丘陵地带富有水生植物的开阔水域。尤其喜欢栖息在既有开阔水面又有大片芦苇和蒲草等挺水植物的中小型湖泊、水库、水塘和沼泽。主要以小鱼、虾、蛙、水生昆虫等动物性食物为食。常单独或成对活动。活动多在清晨和傍晚，也在晚间和白天活动。性甚机警，遇有干扰，立刻伫立不动，向上伸长头颈观望。黄苇鳽通常无声，偶尔在飞行时发出略微刺耳的断续轻声。

黄苇鳽捕鱼（摄于圆明园）

黄苇鳽是捕鱼能手。它常常停留在湖面的荷叶上，或用脚爪抓住荷叶秆停在那里，眼睛紧盯着水中，基本上被它盯上的鱼都逃不掉。

黄苇鳽准备捕鱼（摄于圆明园）

栗苇鳽

# 栗色的栗苇鳽

栗苇鳽（拉丁名：*Ixobrychus cinnamomeus*，英文名：Cinnamon Bittern），别称葭（jiā）鳽、小水骆驼、粟小鹭、红小水骆驼、黄鹤、红鹭鸶。栗苇鳽属于鹳形目鹭科苇鳽属，是一种小型鹭科鸟类，体长31~37厘米。雄性成鸟额、头顶、后颈直到尾部均栗红色；翅覆羽栗色较淡，飞羽栗红色；颊、颏、喉、胸、腹皮黄色；颏、喉和前颈中央纵纹棕褐色；胸侧杂有黑白两色斑点，腋羽淡栗红色；下腹部及尾下覆羽淡皮黄色。雌鸟前额、头顶和背部栗色较雄鸟深，为栗褐色；肩、背部稍淡，为栗红色，缀有细小白色斑点；下体皮黄色，满布栗褐色纵纹。亚成鸟下体具纵纹及横斑，上体具点斑。虹膜橙黄色；眼先裸露部黄绿色；嘴峰黑褐色；跗跖黄绿色。

栗苇鳽常栖息于树林及林间溪流、水库和山脚边的稻田、芦苇丛、滩涂及沼泽草地。夜行性，多在晨昏和夜间活动，白天也常活动和觅食，但都在隐蔽阴暗的地方。性胆小而机警，通常很少飞行。多在芦苇丛中通过，或在芦苇上行走。主要吃小鱼、蛙、泥鳅和水生昆虫，也吃小螃蟹、小蛇、水蜘蛛等。

国内主要分布在华北及其以南地区，不常见，主要为夏候鸟，但于华南南部、台湾及海南为冬候鸟或留鸟。

大麻鳽向上观看

# 巧遇壮硕的大麻鳽

　　大麻鳽（拉丁名：*Botaurus stellaris*，英文名：Great Bittern），别名大水骆驼、蒲鸡、水母鸡、大麻鹭，属于鹳形目鹭科麻鳽属的鸟类，中型鹭科鸟类，涉禽，身长60~77厘米，翼展125~135厘米，体重900~1100克。大麻鳽具保护色，羽毛拟周围的环境。头顶黑色；上体皮黄色，具不规则黑色斑；下体皮黄色，前颈和胸部具棕褐色纵纹。额、头顶至后枕黑褐色，枕冠羽端淡皮黄色并具纤细黑色波形纹；后颈、肩、背黑色，羽缘皮黄色；其余上体部分和尾上覆羽、尾羽皮黄色，具有色波浪状斑纹和黑斑；飞羽淡红棕色，具有显著的波浪状黑色横斑和大的黑色端斑；小翼羽、初级覆羽淡红棕色，满布黑褐色横斑、波纹和点状杂斑；眉纹、耳羽和颈侧皮黄色；颚纹粗著，褐色；颏、喉淡棕白色、中央喉纹棕栗色；胸、腹皮黄色，前胸中央具棕栗色粗著纵纹；两胁和腋羽皮黄白色，具褐色横斑；肛周和尾下覆羽乳白色，具淡褐色纵纹。虹膜黄色；眼先裸露皮肤黄绿色；喙峰暗褐色；跗跖和趾黄绿色。

我在圆明园第一次，大概也是唯一一次见到大麻鳽，是2015年冬季。在北京地区，大麻鳽属于旅鸟，一般3-5月、10-11月可见。但我是在12月见到的，它落在了圆明园狮子林湖面的芦苇上。这处芦苇原本是为落户的黑天鹅一家准备的。而且为了能够在冬季仍然有活水，圆明园还在此处修建了一个喷水的管道，向上喷水，从而使得此处的湖面变成了不冻的湖面。而大麻鳽就落在此处，停留了一会儿，飞走了，此刻真是巧遇。

·大麻鳽向前观望（上图）
·大麻鳽振翅（中图）
·大麻鳽飞走了（下图）
（摄于圆明园）

绿鹭亭宁玉立

# 蓝灰色的绿鹭

绿鹭（拉丁名：*Butorides striata*，英文名：Striated Heron），鹳形目鹭科。属于蓝灰色的小型鹭科鸟类，涉禽。绿鹭喜独处，常常缩颈蹲伏在水边，以鱼类、蛙类、水生昆虫等为食。对于北京而言，绿鹭属于旅鸟（4–5月，以及9–10月在北京地区）。2018年5月初，我在圆明园散步，偶遇绿鹭飞落湖中芦苇丛，赶紧拍摄，恰好把它落下的状态与捕鱼的状态拍下来，很开心。开始以为是大麻鳽，后来查阅文献，发现我自己新看到的是绿鹭，这时才知道绿鹭是中型涉禽，嘴尖长，颈短，尾圆而短，背与两肩披有狭长的青铜绿色矛状羽，向后直达尾部。

此时，新的芦苇刚刚长出来，在稀疏的芦苇丛中还可以看到它的身影。

绿鹭的颜色基本上以灰为主，夹杂蓝色，是蓝灰色的鹭。但是为什么不叫它"蓝鹭"，而叫它绿鹭呢？

·绿鹭飞落芦苇中（左图，摄于圆明园，下同）
·绿鹭前行，似乎发现了捕食对象（中图）
·绿鹭抓到一条大鱼（右图）

# 并非长脖老等鸟的草鹭

草鹭（拉丁名：*Ardea purpurea*，英文名：Purple Heron），别称草当、花洼子、黄装、紫鹭，是一种大型涉禽，属于鹳形目鹭科鹭属，紫灰色鹭类。

草鹭的额和头顶蓝黑色，枕部有两枚灰黑色长形羽毛形成的冠羽，悬垂于头后，状如辫子。其余头和颈棕栗色。从嘴裂处开始有一蓝色纵纹，向后经颊延伸至后枕部，并于枕部会合形成一条宽阔的黑色纵纹沿后颈向下延伸至后颈基部，颈侧亦有一条同样颜色的纵纹，沿颈侧延伸至前胸。背、腰和尾上覆羽灰褐色。两肩和下背被有矛状长羽，羽端分散如丝、颜色为灰白色或灰褐色；尾暗褐色，具蓝绿色金属光泽。初级飞羽和初级覆羽深暗褐色，亦具金属光泽。次级飞羽及翅上大覆羽灰褐色；小覆羽和中覆羽亦为灰褐色。翅角及翼前缘棕栗色。颏、喉白色，前颈基部有银灰色或白色长的矛状饰羽。胸和上腹中央基部棕栗色，先端蓝黑色，下腹蓝黑色，胁灰色，尾下覆羽基部白色，羽端黑色，腋羽红棕色，翅下大覆羽灰色，中和小覆羽以及腿覆羽红棕色。虹膜黄色，嘴暗黄色，嘴峰角褐色，眼先裸露部黄绿色；胫裸露部和脚后缘黄色，前缘赤褐色。

在圆明园遇到草鹭是2017年夏季，先是看到一两只灰色的大鸟在圆明园湖面上方的天空盘旋，一看就知道是鹭类，但不知道是哪种鹭。一会儿，其中一只落在了湖面中心荒岛上的一根大树杈上，在那里扑棱。我赶紧拿出相机，正好镜头是400毫米焦距还加了增距镜，这样是800毫米，在镜头中一看就是我不曾见过的鹭类。于是拿相机在半山坡上对准那只鹭，一个劲地拍，回来一查资料，知道是草鹭。下面就是我拍到的草鹭。它后来飞下来落在了荒岛草丛中，看得就不甚清晰了。

草鹭的特征，我的感觉就是脖子特别的长，柔软，可以弯曲。我以为这就是我们常说的"长脖老等鸟"，实际上，长脖老等鸟应该是苍鹭。不过在圆明园我没有拍到过苍鹭。

草鹭（摄于圆明园）

夜鷺形态

# 不知几品官员的夜鹭

夜鹭（拉丁名：*Nycticorax nycticorax*，英文名：Black-crowned Night Heron），属于中型鹭科鸟类。其顶冠及背部黑色，其余灰白色。而幼鸟全身深褐色，上体有白色斑点，胸腹部有纵纹。不熟悉夜鹭的拍摄者拍到成熟夜鹭和亚成夜鹭以及夜鹭幼鸟时，常常以为拍摄到了不同种类的鹭鸟。最好玩的是，雄性夜鹭在其顶冠上有一后缀的"顶戴花翎"，是很长的带状白色饰羽。这个极为醒目，就像清代官员的顶戴花翎一样，就是不知它们的顶戴有无区别，都是几品官员。

夜鹭常常缩颈长时间站立在某处一动不动，身体呈现驼背状。据说夜鹭要等夜幕降临才开始飞行和觅食，但我多次看到，它们站立时，看到有游鱼路过，也会捕捉。我很早就在清华园、圆明园见到过夜鹭。后来在动物园也见到和拍到夜鹭。另外，在南方城市有水的湿地或公园也多次见到夜鹭。上页图就是根据在北京动物园拍摄的夜鹭照片绘制的。不过该图是一幅彩铅画，是我使用彩铅绘画的初学画，这里只是表达夜鹭是个什么模样罢了（其实那条"顶戴花翎"是白色的，不过在背光情况下也是发黑的）。

夜鹭（摄于圆明园狮子林湖中）

夜鹭挺立在圆明园芦苇边的木桩上

· 准备起飞的夜鹭，注意它的顶戴花翎
  是白色的
· 已经起飞的夜鹭
· 夜鹭飞起于圆明园狮子林湖中
· 空中飞翔的夜鹭
  （顺序自上而下，摄于圆明园）

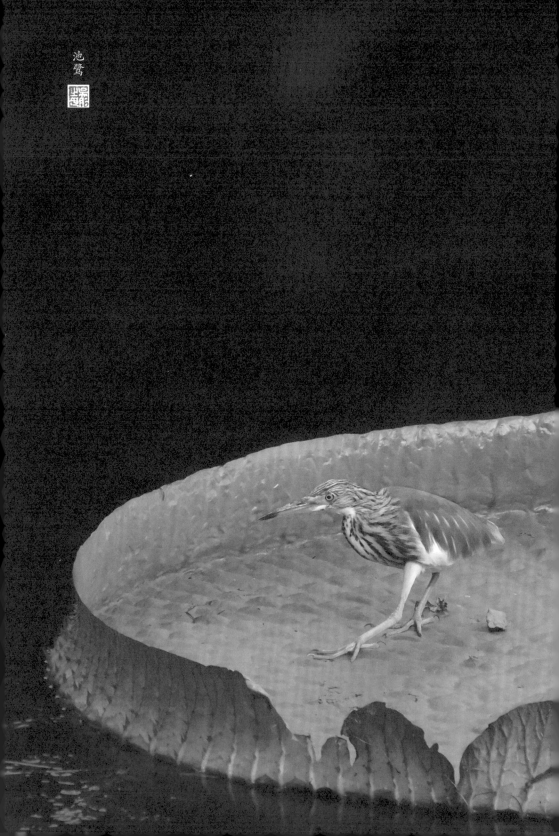

池鷺

# 最早拍摄的涉禽——池鹭

　　池鹭几乎是我最早在圆明园拍摄的涉禽。池鹭（拉丁名：*Ardeola bacchus*，英文名：Chinese Pond Heron），别名特别多，有沙鹭、花洼子、交胪、茭鸡、中国池鹭、紫鸲头、红毛鹭、沼鹭、花鹅、田螺鹭，属于鹳形目鹭科池鹭属。

　　池鹭体长38~50厘米，是翼白色、身体具褐色纵纹的鹭。在繁殖期，其繁殖羽特色如下：头及颈深栗色，胸紫酱色。非繁殖羽：上体褐色，头颈及胸部有纵纹。冬季：站立时具褐色纵纹，飞行时体白而背部深褐。虹膜黄色，嘴黄色（冬季），腿及脚绿灰色。通常无声，争吵时发出低沉的呱呱叫声。栖息于稻田、池塘、沼泽，喜单只或3~5只结小群在水田或沼泽地中觅食，不甚畏人。繁殖期营巢于树上或竹林间，巢呈浅圆盘状，由树枝、杉木枯枝、竹枝、茶树枝及菝葜藤等组成，巢内无其他铺垫物。5月上、中旬产卵，日产或隔日产1枚卵，产卵期为6~9天。每窝产卵3~6枚，通常为4枚，孵卵期20~23天，育雏期30~31天。食性以鱼类、蛙、昆虫为主，幼雏与成鸟的食物成分相类似。分布于东亚至东南亚。国内分布广泛，甚常见，于长江以北多为夏候鸟，长江以南则为冬候鸟或留鸟。

池鹭未被列入濒危物种类，但于2000年8月1日被国家林业和草原局列入《国家保护的有益的或者有重要经济、科学研究价值的陆生野生动物名录》。

第一次拍摄到池鹭，大约是2014年秋天，我到圆明园散步，刚刚进入东门，就看到一只池鹭立在小湖里的一株王莲上，它行走很慢，也不怎么怕人。后来它顺着王莲边捕鱼，叼到一条小鱼，很快吞掉了。我把这一拍摄的事情写入了我的博客。

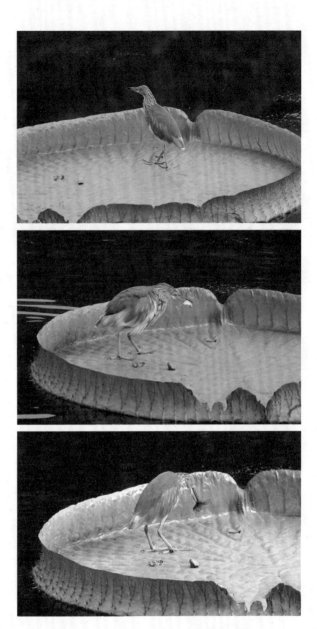

池鹭（摄于圆明园）

大白鷺

# 偶遇大白鹭

大白鹭（拉丁名：*Ardea alba*，英文名：Great Egret），别名有白鹭鸶、鹭鸶、风漂公子、白漂鸟、冬庄、大白鹤、白鹤鹭、白庄、白洼、雪客等。它是常见的观赏鸟之一（这点非常有问题）。大白鹭颈、脚甚长，两性相似，全身洁白，繁殖期间肩背部生有三列长而直、羽枝呈分散状的蓑羽，一直向后延伸到尾端，有的甚至超过尾部30~40毫米。蓑羽羽干呈象牙白色，基部较强硬，到羽端渐次变小，羽枝纤细分散，且较稀疏。下体也为白色，腹部羽毛沾有轻微黄色。

大白鹭是一种大型鹭科鸟类，身长90~100厘米，翼展131~145厘米，体重约1000克，寿命约23年。是白鹭中体型最大的鸟类。大白鹭栖息于海滨、湖泊、河流、沼泽、水稻田等水域附近，行动非常机警，见人即飞。白昼或晨昏活动，以小鱼、虾、蛙、甲壳类动物为主要食物，亦吃水中昆虫。常站在水边或浅水中，用嘴飞快地攫食。迁徙种类，列入《世界自然保护联盟濒危物种红色名录》。

白鹭的羽毛有较高的观赏价值，古代东方人喜欢用它来装饰衣服，西方人则喜欢用它来点缀女帽。由于大白鹭的羽毛有很高的经济价值，加上白鹭喜欢群居，因此很容易被人大量捕捉，导致野生大白鹭数量锐减，几乎陷入灭绝的境地。大白鹭属于《濒危野生动植物种国际贸易公约》名单上的物种。

我在圆明园只见过一次大白鹭，而且距离比较远。刚刚拍摄了两三张大白鹭的照片，它就飞走了，很遗憾没有留下珍贵的、高质量的照片。这里的照片，只能看作是大白鹭在圆明园出现过的记录而已。当然，按照圆明园管理部门贴图的说明，大白鹭在北京出现的时间是3-10月。也许圆明园的游人还是太多，对于大白鹭这种十分机警的鸟类而言，可以栖息的树丛也不够茂密，因此大白鹭过往的记录并不多。不像在南方，比如在厦门，能够看到大批的大白鹭、中白鹭和小白鹭（我2019年底在厦门的华侨大学校园以及公园就看到过大批的白鹭）。

大白鹭（摄于圆明园）

大白鹭飞走那一刻（摄于圆明园）

红尾鸫

# 从斑鸫中分离出来的红尾鸫

　　红尾鸫（dōng）原为斑鸫的亚种，现在鸟类分类中独立成种。红尾鸫（拉丁名：*Turdus naumanni*，英文名：Naumann's Thrush），属雀形目鸫科鸫属。上体浅褐色；胸部、腹部两侧及胁部具棕红色方块纹，但腹部中部发白色；尾羽锈红色，中央尾羽略带深色；眉纹棕红色但脸颊深色。其学名的种加词*naumanni*据说是为了纪念德国博物学家及作家Johann Friedrich Naumann（1780-1857），也有说法是为了纪念另一位德国博物学家Johann Andreas Naumann（1744-1826）。红尾鸫常常在树上和地面活动觅食，在清华园，经常能够在冬季的池塘边和校河边看到它们的身影。

　　我曾经在清华园校河边、荷塘边的树枝上、工字厅后湖边，以及情人坡等处，多次见过它们，最近又拍到了它们。

红尾鸫（摄于清华园）　　　　　　　　　红尾鸫（摄于清华园）

赤颈鸫

# 浅灰褐色的赤颈鸫

赤颈鸫（拉丁名：*Turdus ruficollis*，英文名：Red-throated Thrush），别名红脖鸫、红脖子穿草鸫，属于雀形目，大型鸫科鸟类。

查阅《北京鸟类图鉴》，赤颈鸫经常栖息于山坡草地或丘陵疏林、平原灌丛，于冬春季常见。成松散的群体活动，取食昆虫、小动物及草籽和浆果。5-7月繁殖，营巢于林下小树的枝杈上。窝卵数4~5枚，卵淡蓝色或蓝绿色并具淡红褐色斑点。赤颈鸫全长约25厘米，是中等体型的鸫。雄鸟上体以浅灰褐色为主，眉纹、颈侧、喉及胸红褐色或橙色（北方亚种无眉纹且喉与胸为黑色），翼灰褐色，中央尾羽灰褐色，外侧尾羽灰褐色，腹至臀白色。雌鸟似雄鸟，但栗红色部分较浅且喉部具黑色纵纹。有两个特别的亚种。一个亚种的脸、喉及上胸棕色，冬季多白斑，尾羽色浅，羽缘棕色。另一个亚种的脸、喉及上胸黑色，冬季多白色纵纹，尾羽无棕色羽缘。雌鸟及幼鸟具浅色眉纹，下体多纵纹。虹膜褐色；嘴黄色，尖端黑色；脚近褐色。鸣叫为尖细的"si si"，鸣唱亦是尖厉而急促。

在北京地区，赤颈鸫是旅鸟。我在清华园拍摄的赤颈鸫并不多，只有一张，而且是近期拍摄的。

灰背鸫

# 不常见到的灰背鸫

灰背鸫（拉丁名：*Turdus hortulorum*，英文名：Grey-backed Thrush），是雀形目鸫科中的中型鸣禽。雄鸟体长20~24厘米，体重50~73克。上体灰色，颏、喉灰白色，胸淡灰色，两胁和翅下覆羽橙栗色，腹白色，两翅和尾黑色。雌鸟与雄鸟大致相似，但颏、喉呈淡棕黄色，具黑褐色长条形或三角形端斑，两侧斑点较为稠密，胸淡黄白色且有三角形羽干斑。

灰背鸫常单独或成对活动，春秋迁徙季节亦集成几只的小群，有时亦见和其他鸫类结成松散的混合群。多活动在林缘、荒地、草坡、林间空地和农田等开阔地带，喜欢栖息于河流附近的潮湿而比较茂密的灌木丛等地方，善于在地上跳跃行走，多在地上活动和觅食。繁殖期间极善鸣叫，鸣声清脆响亮，很远即能听见，常常固定在一处地方从早到晚不停地鸣叫，尤以清晨和傍晚鸣叫最为频繁。每日活动时间甚早，鸣叫时多站在树下。食物主要有植物种子、野生浆果和果实，以及各类昆虫和昆虫幼虫。

灰背鸫在中国北方为夏候鸟，南方为旅鸟或冬候鸟。每年4月末至5月初迁来东北繁殖地，9月末至10月初南迁。对于北京而言，灰背鸫是旅鸟。所以看到灰背鸫，对于北京的观鸟人来说也是一件偶然和幸运的事情。

斑鸫

# 身上斑斓的斑鸫

斑鸫（拉丁名：*Turdus eunomus*，英文名：Dusky Thrush），又名穿草鸡、窜儿鸡、斑点鸫、傻画眉，属于雀形目鸫科鸫属的鸟类。

斑鸫是较大型鸫科鸟类，成鸟体长约25厘米。本物种雄雌同形同色，北方亚种头部、颈部、颌部为密布深色纵纹色彩斑驳的褐色，具宽大的白色眉纹和髭纹，衬托出褐色的耳羽，上背及肩部羽毛黑色，具宽阔的红褐色羽缘；下背和尾上覆羽由上背的黑色逐渐过渡到比较浅的褐色；初级飞羽、小覆羽黑色，次级飞羽外翈、大覆羽和中覆羽均为栗褐色；尾羽黑色；羽基略沾褐色；下体以白色为基色，密布粗大的月牙状黑色斑点，在胸部和上腹交接处，由于黑斑分布得密布不均，远看可以观察到相间的两条"宽大黑纹"；虹膜为褐色；上喙偏黑色，下喙黄色；足褐色。

鸫科鸟类大多为典型的食虫鸟类，根据对斑鸫的研究，夏季昆虫活跃的时候，本物种的食谱以各色昆虫为主，主要包括蝗虫、金龟子、地老虎等，可达食物总量的80%~90%，其余的部分则为蜘蛛、植物性食物；在昆虫蛰伏的季节，斑鸫主要取食各种植物（包括槐、枣、松柏等）种子。

白眉歌鸫

# 罕见的白眉歌鸫

白眉歌鸫（拉丁名：*Turdus iliacus*，英文名：Redwing），属于雀形目鸫科。白眉歌鸫体型较鸫类为大，长20~23厘米。嘴形较窄，嘴长几为头长的一半；嘴须发达；翅形尖，长约为跗跖长度的3倍，尾较宽且长，变化亦大；跗跖结实而长；翼下不具斑纹。栖息在冻土层的针叶林及桦木属森林。体型相对较小，喜欢吃昆虫、蚯蚓和水果。

白眉歌鸫属于体型略小的浓褐色歌鸫。浅色眉纹明显，下体多纵纹，两胁及翼下锈红色。与红尾鸫、白眉鸫及白腹鸫的区别据说是在下体具纵纹，与雌鸟灰鸫的区别在下体具纵纹而无点斑，且浅色的眉毛明显。 虹膜褐色；嘴黑色，基部黄色；脚灰褐色。

白眉歌鸫分布于欧洲至中亚。国内于新疆有少数记录，为罕见旅鸟。主要生态环境为较低海拔的各类林地。

在北京地区，白眉歌鸫出现次数并不多。冬日中经鸟友提示，在清华园工字厅湖面的冰上看到了白眉歌鸫，我第二天在工字厅后湖的树林里等候一阵子，终于看到很多不同的鸫科鸟类在湖面啄冰喝水。经过鸟友辨认，说是白眉歌鸫。后来，再没有机会拍摄到白眉歌鸫。白眉歌鸫对于北京地区而言，应该是冬候鸟，或者旅鸟。

# 发音百变的乌鸫

乌鸫（拉丁名：*Turdus merula*，英文名：Blackbird），
俗名反舌、中国黑鸫、黑鸫、乌鸪。乌鸫雄鸟全身大致为
黑色、黑褐色或乌褐色，有的沾锈色或灰色。上体包括两
翅和尾羽是黑色。下体黑褐色，色稍淡，颏缀以棕色羽
缘，喉亦微染棕色而微具黑褐色纵纹。嘴黄色，眼珠呈橘
黄色，羽毛不易脱落，脚近黑色。嘴及眼周橙黄色。雌鸟
较雄鸟色淡，喉、胸有暗色纵纹。虹膜褐色，鸟喙橙黄色
或黄色，脚黑色。幼鸟上体自额至尾上覆羽，包括两翅的
内侧覆羽均棕褐色，各羽具浅白色羽干纹。颏、喉中央棕
白，缀以少许褐色斑，喉侧、胸和上腹等棕白微染栗色，
各羽端缀以棕褐色矢状斑；两胁、下腹和覆腿羽均乌棕
色，微缀以棕白色羽干纹；尾下覆羽暗褐色。

主要栖息于次生林、阔叶林、针阔混交林和针叶林等
各种不同类型的森林。海拔高度从数百米到4500米均可遇
见，尤其喜欢栖息在林区外围、林缘疏林、农田旁树林、
果园和村镇边缘、平原草地或园圃间。常结小群在地面上
奔驰，亦常至垃圾堆及厕所等处找食。栖落树枝前常发出
急促的"吱、吱"短叫声，歌声嘹亮动听，并善仿其他鸟

鸣。胆小，眼尖，对外界反应灵敏，夜间受到惊吓时会飞离原栖地。主要以昆虫为食。所吃食物有鳞翅目幼虫、尺蠖蛾科幼虫、蝽科幼虫、蝗虫、金龟子、甲虫、步行虫等双翅目、鞘翅目、直翅目昆虫和幼虫。也吃樟籽（食后将籽核吐出）、榕果等果实，以及杂草种子等。

· 乌鸫（左上图，摄于圆明园）
· 回眸的乌鸫（右上图，摄于清华园）
· 亚成乌鸫（下图，摄于圆明园）

乌鸫在北京地区已经成为除麻雀、喜鹊、灰喜鹊之外的第四大鸟类。几年前，乌鸫在北京还比较少见，现在到处可见。很多人不认识乌鸫，常常把乌鸫与乌鸦混同。

　　乌鸫并不漂亮，乌黑乌黑的，有点像小型的乌鸦，但是乌鸫有一大特长，就是会学各种鸟叫，甚至会学车（汽车、摩托车）的声音。不知与八哥相比，谁更厉害？还有鹦鹉，它应该不如鹦鹉，不过鹦鹉主要是学人的语言与发音，而乌鸫主要是学其他鸟类的叫声。所以，乌鸫又称为"百舌鸟"。在清华园里，白头鹎特别多，而白头鹎的叫声比较婉转好听。乌鸫就经常学白头鹎的声音，有时我们抬头看去，以为是白头鹎在鸣唱，结果看到的却是乌鸫。

　　由于乌鸫个头略大，颜色黝黑，在林子里始终比较明显，也因此经常成为雀鹰等小型猛禽的口中物。我曾经在清华园工字厅后面的林子两次听到乌鸫被雀鹰抓住的凄厉叫声，一次看到乌鸫被雀鹰抓住飞走的景象，可惜那一刻来得太快，没来得及拍摄到物种之间斗争的照片。

清华校河里的乌鸫

清华园的八哥

# 清华园的八哥

　　八哥（拉丁名：*Acridotheres cristatellus*，英文名：Crested Myna），别称为黑八哥、鸲鹆（yù）等。八哥属于椋鸟科八哥属。在我国南方是较普遍和常见的，既是重要的农林益鸟，也是颇受欢迎的笼养鸟。它能模仿其他鸟的鸣叫，也能模仿简单的人语。

　　八哥通体乌黑色，矛状额羽延长成簇状耸立于嘴基，形如冠状，头顶至后颈、头侧、颊和耳羽呈矛状、绒黑色具蓝绿色金属光泽，其余上体缀有淡紫褐色，不如头部黑而辉亮。两翅与背同色，初级覆羽先端和初级飞羽基部白色，形成宽阔的白色翅斑，飞翔时尤为明显。尾羽绒黑色，除中央一对尾羽外，均具白色端斑。下体暗灰黑色，肛周和尾下覆羽具白色端斑。虹膜淡黄色，嘴乳黄色，脚黄色。野生八哥食性杂，主要以蝗虫、金龟子、毛虫、地老虎、蝇、虱等昆虫和昆虫幼虫为食，也吃谷粒、植物果实和种子等植物性食物。

　　我在南方常常见到八哥，如在海南等地，八哥常常停留在房屋屋脊处。在清华园，我是2019年3月才看到过八哥。我拍摄了八哥的图片，发在清华鸟友群，结果鸟友说，很早就在清华园见到过八哥。我是有一次去清华大学科学史系办公室，路过东大操场，在东大操场的西边的大树顶枝上看到两只黑色的鸟，开始并没有在意，以为是乌鸫。后来拿出相机长焦一对，才发现镜头里的黑鸟头顶上有一形似顶冠的毛，这就是八哥最有特点的"矛状额羽延长成簇状耸立于嘴基，形如冠状"。我很兴奋，赶紧拍摄了几张。还想找一个更好的位置再拍摄，这时八哥飞走了。本故事中的照片均为同一地点和同一时间拍摄的。后来，我没有再在清华园见到八哥，其原因可能在我。在北京地区，八哥也属于逃逸鸟而成为留鸟的。

由于八哥会学人语，人类常常训练、笼养八哥，家养八哥已经成为很"正常"的事情，见怪不怪了。

清华园的八哥及飞走的那一刻

白腰文鸟吃芦苇芽穗

# 文身"文"的白腰文鸟

白腰文鸟（拉丁名：*Lonchura striata*，英文名：White-rumped Munia），俗名白丽鸟、禾谷、十姊妹、算命鸟、衔珠鸟，属于雀形目梅花雀科文鸟属的鸟类。白腰文鸟，幼鸟上体灰褐色，成鸟上体深栗色为主，具白色羽干纹，腰白色，尾上羽暗褐，飞羽及尾羽黑褐色。额、眼先、眼周、颏、喉黑褐色，胸部褐色具浅黄色羽干纹，腹与两胁近白，尾下覆羽栗色。特征为具尖形的黑色尾，腰白，腹部皮黄白。背上有白色纵纹，下体具细小的皮黄色鳞状斑及细纹。亚成鸟色较淡，腰皮黄色。虹膜褐色；嘴灰色；脚灰色。叫声有活泼的颤鸣及颤音。

白腰文鸟体形小巧，羽色淡雅，形似麻雀，体长10~12厘米，背部中央有一黑褐色斑纹，形如"文"字，故而得名。白腰文鸟性喧闹吵嚷，结小群生活。又因其常全家十余只一起群居活动，形影不离，故有"十姊妹"之称。旧社会有人驯其"叼签卜卦"，所以也称它"算命鸟"。雌雄体态接近，成年雄鸟体色略深，在发情期时常会蓬松胸腹部羽毛，发出连续的奇特鸣叫声来求偶。白腰文鸟常常栖息于农作区及山脚地带的树丛和耕地中，也见于灌木丛和竹林。主要以稻谷为食，也吃一些草籽和昆虫。野生白腰文鸟以植物种子为主食，特别喜欢稻谷。在夏季也吃一些昆虫和未熟的谷穗、草穗。3-9月繁殖，营巢于溪流旁或庭院中的竹丛、灌丛或树上，每窝产卵4~7枚，卵亮白色无斑点，由雌雄轮流孵卵。为我国南方广大地区较常见的留鸟。

　　《北京鸟类图鉴》上没有白腰文鸟的记载。可我在圆明园曾经与鸟友一起拍摄过它们。它们落在芦苇上，有五六只，叽叽喳喳，吃芦苇尖上的嫩芽。记录白腰文鸟，那也算为北京地区的鸟类增加了新种。我2015年拍摄过它以后，再没有拍摄到它，倒是听鸟友说拍到过它，看来，对于北京地区白腰文鸟至少应该是旅鸟吧。

白腰文鸟（摄于圆明园）

白腰文鸟在吃芦苇芽穗（摄于圆明园）

白腰草鹬

摄于清华园校河

# 校河中觅食的白腰草鹬

　　白腰草鹬（拉丁名：*Tringa ochropus*，英文名：Green Sandpiper），是鸻（háng）形目鹬（yù）科鹬属的小型涉禽。体长20~24厘米，是一种黑白两色的内陆水边鸟类。夏季上体黑褐色具白色斑点。腰和尾白色，尾具黑色横斑。下体白色，胸具黑褐色纵纹。白色眉纹仅限于眼先，与白色眼周相连，在暗色的头上极为醒目。冬季颜色较灰，胸部纵纹不明显，为淡褐色。飞翔时翅上、翅下均为黑色，腰和腹白色，容易辨认。主要栖息于山地或平原森林中的湖泊、河流、沼泽和水塘附近，海拔高度可达3000米。常单独或成对活动，多活动在水边浅水处、砾石河岸、泥地、沙滩、水田和沼泽地上。以蠕虫、虾、蜘蛛、小蚌、田螺、昆虫、昆虫幼虫等小型无脊椎动物为食，偶尔也吃小鱼和稻谷。繁殖于欧亚大陆北部，越冬于非洲及欧亚大陆中低纬度地区。国内见于各省，其中于新疆北部、黑龙江北部和内蒙古东北部为夏候鸟，于渤海湾至西藏南部一线南侧（包括台湾和海南）为冬候鸟。

　　2017年2月，我在校河边散步，遇到了这只小型涉禽。它在当时很浅的校河里漫步，寻找合适的水中食物。对于我而言，第一次在学校看到水中涉禽，很是兴奋。拍摄后赶紧查阅资料，开始一直以为是泽鹬，直到要写入本书时，在鸟友圈请教鸟友达人，才确认为"白腰草鹬"。对于北京，白腰草鹬一部分是旅鸟，一部分是留鸟。

打架正酣的黑卷尾

# 有蓝色辉光而且好斗的黑卷尾

黑卷尾（拉丁名：*Dicrurus macrocercus*，英文名：Black Drongo），别名黑黎鸡、篱鸡、铁炼甲、铁燕子、黑乌秋、黑鱼尾燕、龙尾燕、笠鸠，是雀形目卷尾科卷尾属的鸟类。黑卷尾属于中型树栖鸣禽，全长约30厘米。通体黑色，上体、胸部及尾羽具辉蓝色光泽。尾长为深凹形，最外侧一对尾羽向外上方卷曲。雄性成鸟（繁殖羽）全身羽毛呈辉黑色；前额、眼先羽绒黑色（在个别标本的嘴角处具一污白斑点，但不甚明显）。上体自头部、背部至腰部及尾上覆羽为深黑色，缀铜绿色金属闪光；尾羽深黑色，羽表面沾铜绿色光泽；中央一对尾羽最短，向外侧依次顺序增长，最外侧一对最长，其末端向外上方卷曲，尾羽末端呈深叉状；翅黑褐色，飞羽外翈及翅上覆羽具铜绿色金属光泽。下体自颏、喉至尾下覆羽均呈黑褐色，仅在胸部铜绿色金属光泽较著；翅下覆羽及腋羽黑褐色。雌性成鸟体色似雄鸟，仅其羽表沾铜绿色金属光泽稍差。

黑卷尾常常栖息活动于开阔地区、城郊区村庄附近和广大农村，尤喜在村民居屋前后高大的椿树上营巢繁殖。多成对活动于800米以下的山坡、平原丘陵地带阔叶林树上。繁殖期有非常强的领域意识，性凶猛，如乌鸦、喜鹊等鸟类侵入或临近它的巢附近时，则奋起冲击入侵者，直至驱出巢区为止；非繁殖期喜结群打斗。黑卷尾鸣声嘈杂而粗糙，似"chiben-chiben"连续鸣叫，此起彼伏相互呼应，特别在清晨黎明时，故村民给以美称"黎鸡"。黑卷尾动作敏捷，边飞边叫。在飞翔时能于空中捕食飞行昆虫，类似家燕敏捷地在空中滑翔翻腾，在南方俗称"黑鱼尾燕"。主要以夜蛾、蟓象、蚂蚁、蝼蛄、蝗虫等害虫为食。分布于南亚及东南亚。国内为北至东北的广大东部、中西部及西南部地区，以及海南和台湾的常见夏候鸟或留鸟。

在圆明园，每年几乎在固定的时间和固定的地点，黑卷尾总是会出现。拍摄黑卷尾也成为圆明园鸟友一项很喜欢、很固定的事情。每年5—8月，就会有细心的鸟友在圆明园西北边观察和等候黑卷尾的到来，然后支起架子，等候一上午或一下午，拍个够，回去挑选拍摄得最漂亮的黑卷尾照片，静止的，飞翔的，等等。我常常没有那个耐心，也是因为家里有事，所以不能专心致志地等候黑卷尾。不过我很幸运，在并不是黑卷尾常常出现的地方，而是在一个荒岛散步时，于一棵大树枝头看到了黑卷尾，并且看到了黑卷尾的争斗，因此也有一组黑卷尾的照片，现在可以展示出来了。

· 准备打架的黑卷尾（上图）
· 好斗的黑卷尾（中图）
· 打架正酣的黑卷尾（下图）
（摄于圆明园）

燕子喂雏

# 勤劳善飞的燕子

家燕（拉丁名：*Hirundo rustica*，英文名：Barn Swallow），别名燕子、拙燕，属于雀形目燕科燕属的鸟类，有8个亚种。家燕雌雄羽色相似，前额栗红色，上体从头顶一直到尾上覆羽均为蓝黑色而富有金属光泽。两翼小覆羽、内侧覆羽和内侧飞羽亦为蓝黑色而富有金属光泽。初级飞羽、次级飞羽和尾羽黑褐色微具蓝色光泽，飞羽狭长。尾长、呈深叉状。最外侧一对尾羽特形延长，其余尾羽由两侧向中央依次递减，除中央一对尾羽外，所有尾羽内翈均具一大型白斑，飞行时尾平展，其内翈上的白斑相互连成"V"字形。颏、喉和上胸栗色或棕栗色，其后有一黑色环带，下胸、腹和尾下覆羽白色或棕白色，也有呈淡棕色和淡赭棕色的，随亚种而不同，但均无斑纹。虹膜暗褐色，嘴黑褐色，跗跖和趾黑色。幼鸟和成鸟相似，但尾较短，羽色亦较暗淡。

家燕一大特点是善飞。整天大多数时间都成群地在湖面、草地上空不停地飞翔。飞行时迅速敏捷，有时飞得很高，像鹰一样在空中翱翔，有时又紧贴水面一闪而过，时东时西，忽上忽下，没有固定飞行方向，有时还不停地发出尖锐而急促的叫声。筑巢时雌雄亲鸟轮流从江河、湖泊、沼泽、水田、池塘等水域岸边衔取泥、麻、线和枯草茎、草根，再混以唾液，形成小泥丸，然后用嘴从巢的基部逐渐向上整齐而紧密地堆砌在一起，形成一个非常坚固的外壳。用3~5天的时间衔取干的细草茎和草根，再用唾液将它们粘铺于巢底，形成一个干燥而舒适的内垫，最后再垫以柔软的植物纤维、头发和鸟类羽毛。每个巢从开始营造到最后结束，需8~14天时间。

该物种分布范围广，不接近物种生存的脆弱濒危临界值标准（分布区域或波动范围小于20000平方千米，栖息地质量、种群规模、分布区域碎片化），种群数量趋势稳定，因此被评价为无生存危机的物种。

家燕是人们最熟知和最常见的一种候鸟，主要为夏候鸟（如北京地区即为夏候鸟），于南部为冬候鸟或留鸟。它分布广，数量大，也深受人们喜爱。自古以来就有保护家燕的习俗和传统，人们认为家燕来家筑窝会给家庭带来好运，因而不仅保护家燕，还常常为它们提供筑巢条件，从而使家燕得到繁衍、种群不断壮大。现在大多数房屋已经变成钢筋混凝土结构的楼房，没有房檐，因此历史上家燕分布较多的地区，现在也很少见到家燕了。有的地区已将家燕列入了地区保护动物名单。在圆明园由于还存在一些古式或仿古建筑，有房檐，另外还有湖水，因此家燕每年来得比较多，常常可以看到。我是2015年开始注意拍摄圆明园的家燕的，先是看到勤劳的家燕衔泥做窝，后来看到小燕子出窝后在树枝上等待老家燕喂食。下面的照片分别摄于2015年、2017年、2018年，凑成了燕子劳作比较完整的图像。

·家燕停在圆明园湖边（左图，摄于圆明园狮子林）
·家燕衔泥做窝（右上图，摄于圆明园狮子林）
·小燕子等待喂食（右中图，摄于圆明园狮子林）
·燕子喂雏（右下图，摄于圆明园狮子林）

黑翅长脚鹬飞过圆明园上空

# 掠过圆明园上空的黑翅长脚鹬

　　黑翅长脚鹬（拉丁名：*Himantopus himantopus*，英文名：Black-winged Stilt），别名红腿娘子、高跷鸻，中型涉禽，属于鸻形目反嘴鹬科长脚鹬属，是候鸟中的"美少女"。它身材修长，黑黑的翅膀，长长的红脚，尖尖的黑嘴。喜欢成群结队，浅水而居。对于北京地区，按照赵欣如的《北京鸟类图鉴》，黑翅长脚鹬是旅鸟，夏候鸟。可惜，我没有在圆明园的水面上看到过它们，却在圆明园上空看到它们结队飞过。所以给它们的留影只能是远距离的空中飞行编队了。2018年3月，我在圆明园散步看到天空中飞过一群鸟，似乎有不够整齐的队形，以为是大雁，于是赶紧拿出相机拍照，照片出来后，一看是我不知道的鸟类，查阅资料才知道是黑翅长脚鹬。于是有了下面黑翅长脚鹬的照片。

黑翅长脚鹬飞过圆明园（摄于圆明园）

小野鸭跟随妈妈游弋在湖里

# 小野鸭的稚嫩群像

　　3-4月，在圆明园的湖里各处，都可以看到很多小野鸭。大部分是赤麻鸭或绿头鸭的后代。小野鸭们都长得十分可爱，尤其是绿头鸭宝宝，全身黄褐色，在湖面上特别醒目。

小野鸭（摄于圆明园福海）

2016年六一儿童节，在圆明园散步时偶遇一群小野鸭跟随大野鸭游弋。这张照片记录了鸭妈妈带的鸭宝宝并不一样大小，有的个头大些，有的小点，不知是不是一窝的。

小野鸭跟随妈妈游弋在湖里（摄于圆明园）

小野鸭跟随妈妈游弋在湖里（摄于圆明园）

这群小野鸭跟随鸭妈妈游弋的场景，让人心中生出无限的暖意。

鸭与鱼共生

摄于圆明园

# 鱼与鸭争食的场景

在靠近狮子林的天鹅湖，有一处喂食黑天鹅的放食盆的地方，圆明园的管理人员常常给落户的黑天鹅投放一些人工饲料。每当投放新的饲料后，首先来吃食的是黑天鹅一家（如果黑天鹅一家在附近的话），其次来的就是在附近的野鸭，然后就是小麻雀，小麻雀常常看到没有人的时候，大批地飞来啄食。当然还有黑水鸡等其他落户在圆明园的鸟类。在投放饲料的地方（水中有石台，石台上放置食盆），也常常有大批的、个头很大的鱼在吃鸟类啄食落入水中的饲料。特别是黑天鹅在吃食时，常常需要把饲料放到水中，就着水来进食，很多游客以为黑天鹅在喂食鱼儿，还在微信上说"这是鱼与鸟多么和谐的写照"。我有一次拍摄野鸭（亚成）来吃食的场景，结果看到大批的鱼儿也来争食，甚至都翻板到了水面上。场景很特别，记录在此，也是一个有意思的故事。

你看鱼都上石板了……

这张照片记录了鱼翻板的样子，鸭吃食，鱼翻板……其实这也是物种间合作共生的现象。

野鸭飞翔图

# 集群的飞鸭

　　这个故事还是与野鸭有关。这里记录的场面是一个大场面，不是个体的鸭，而是群体集群飞翔的野鸭们，其中有无其他的鸟儿，由于太远，也不得而知。在圆明园，一到冬季，野鸭常常会成群地停留在既有水面也有冰面的湖面上，有冰面，它们可以歇息，有水面，它们可以嬉戏与觅食。因此，在圆明园里散步常常可以看到大批的野鸭停留在冰面上歇息，但是很少看到它们一起飞起、一起落下的场景。偶然，我巧遇过一两次这样的场景。2015年初，我在圆明园散步，走到海岳开襟旁边的湖边，忽然有一群野鸭起飞，盘旋起来，非常的壮观，也非常少见。我赶紧用相机记录下了这一壮观的场景。这些集群的野鸭一会儿飞起来，一会儿落下去，一会儿又飞起来……

　　湖中一半是冰面，一半是湖水。野鸭在湖面上飞翔，构成了一幅冬日野鸭飞翔图。

　　看看有多少只？多么壮观啊。

野鸭飞翔图（摄于圆明园）

同框的灰椋鸟与灰喜鹊

# 同框不同鸟儿——和谐共生

在圆明园和清华园拍鸟的过程中，多次见到各种不同的鸟儿聚集在一起，混群、同框。我心中一直有个疑问，它们之间可以沟通和交流吗？我们人类也有不同的种族、民族，使用不同的语言，我们有语言之间的隔绝，或可以称之为"不可完全翻译性"，亦即库恩的"不可通约性"。当然我们可以认知人类，即便是不同种族、不同肤色，我们还可以区分人与其他物种之间的不同。鸟儿呢，是不是同样的？鸟儿也可以知道与之混群的其他鸟儿也是鸟类，虽然与它是不同的"科""属"，但都是鸟类。同样，这些鸟儿的亲近关系显然大于它们与人类的关系，鸟儿见到人总是有一个安全距离，而和其他鸟类的接触就亲近多了（排除猛禽），它们共栖在一棵树上，一起觅食和喝水。这说明它们知道它们是属于同类——鸟类。

下面的照片反映了不同鸟儿同框的和谐共生状况。是好几种鸫类（好像有斑鸫与红尾鸫）的鸟儿与一只蜡嘴黑尾雀和一只燕雀同框喝水的景象。摄于清华园校河，是2017年冬季的事情。

同框的不同鸟儿在一起喝水（摄于清华园校河）

　　右图是燕雀与白头鹎一起在小水洼喝水的同框照片。

　　下面两张图是三种喜鹊的同框，有红嘴蓝鹊、灰喜鹊和喜鹊，它们在清华园工字厅前的草地上一起觅食。

同框的不同鸟儿在一起喝水（摄于清华园情人坡南）

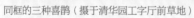

同框的三种喜鹊（摄于清华园工字厅前草地）

有两只太平鸟（尾巴黄端），其余是小太平鸟（尾巴红端）　　同框的大、小太平鸟一起喝水（摄于清华园）

右上图有一只太平鸟站立在石头上，另外几只都是小太平鸟，正飞来准备喝水。

同一天在清华园校河边的一处乱石堆边拍摄的，此处有一小水洼，有一天我看到那里有许多鸟儿在喝水，看到有珠颈斑鸠、红尾鸫、灰椋鸟、乌鸫同时在喝水，如左下图珠颈斑鸠和灰椋鸟对视，"亲密接吻"。

鸟儿们的和谐，让人类羞愧。鸟儿们也不是没有争斗，面对猛禽，也有悲伤。特别是面对物质欲膨胀而又无知的人类，鸟儿的栖息地越来越狭小，鸟儿的天空也越来越狭小。认识鸟类也让我们反思，我们今后如何面对鸟类这些所谓的人类的"他者"，更让我们反思，我们如何面对所谓人类中的"他者"。

同框的鸟儿们（摄于清华园）

# 结语

# 人与鸟儿

　　人与鸟儿是同一片天空的两个物种。在长期的历史演化中，人类依照其智能与所发明的技术及其"进化"，而成为地球上极其强大的物种。人类从茹毛饮血，赤身裸体，到发明飞机大炮、深海潜艇、高速列车、人工智能、宇宙飞船，可以上天入地；到今天，有人甚至宣布，我们已经进入"人类世"，亦即世界被人类统治、地球被人类全面占领，并且这个时代是将以"人类"影响作为时代标志的"世纪"。

　　本来的天空，是鸟类自由飞翔的天空；本来的荒野，是所有物种自由和谐共生的领地。如今在人类"圈地运动"不断扩张的进程中，天空和荒野一直被缩小和碎片化，于是，生物物种的绝灭过程随着人类的扩展和技术文明的发展而加速。鸟类也不能幸免。另外，人类中的愚昧者还对鸟类和其他物种张开大网，他们捕食其他野生物种，或作为美味佳肴，或作为身上皮裘，或作为美饰之奢侈品。特别的，我们在没有观鸟和拍鸟时，没有注意到比如百度百科或搜狗百科，甚至还有字典和词典，对于某种鸟类的介绍，后面常常会有这种鸟类对于食用或药用有何益处，比如可以如何食用，如何药用，以及如何把野生的鸟类变成为观赏的笼中鸟，如何训练其鸣叫，如何学舌，如何"算命"，等等。以前对此即便见到也不会心生反感之意，现在观鸟、拍鸟和绘鸟后，知道这都是人类私心所致，都是从自我出发的私欲膨胀所为。在本书结束之际，我特别提出，百度百科、搜狗百科对于鸟类介绍的部分应该检讨和改正自己的人类中心主义态度和视角。

人类中并不是没有睿智和有同情心的人，并不是没有人对此有所担心，有所不安；也并不是所有的人都是人类中心主义者，比如写作《寂静的春天》的作者，比如很多的鸟类博物学家，以及今日的很多爱好和保护动物的动物保护主义者、伦理学者。科学和技术的发展，也不单都是有利于人类，它常常造成其他物种的毁灭，生命科学在研究其他物种的同时，现在也有一定的意识，保护其他物种生命的意义极其重要。但是在工业文明进展的过程中，人类造成的大气污染、水体污染、土壤污染，以及生态危机和其他环境污染，是造成大量物种绝灭的直接和主要的原因。当没有鸟儿鸣叫的春天来临，当观鸟、拍鸟成为不可能的时候，当博物学只能成为一种纸上谈兵的历史研究之时，我们如何生活？没有了自然而然的自然，我们只能在钢筋混凝土的"房间"中绘制假"自然"的时候，我们如何生活？

在导言中，我们提及观鸟、拍鸟可以提升人的素质，让人高贵淡雅，让人尊重生命，但是这还不够。从整个物种的意义上，人的命运，其实联系着地球这个蓝色星球几乎所有物种的命运。换言之，在某种意义上，鸟类的命运就是人类的命运。爱护鸟类，爱护其他物种，尊重其他生命，意味着在哲学层面，学以成人，成为真正意义的人。

人类愚蠢的地方就在于我们总是把自己看得高人一等，看得比鸟类聪明。其实看过珍妮弗·阿克曼的《鸟类的天赋》的人，一定知道，鸟类各有其能，鸟类的聪明在某种程度上和某种意义上并不低于人类。人类观察鸟类，注意鸟类的行为，研究鸟类，可以更加丰富地认知自我与他者，避免自大。

我们现在评价自己的标准，也很不自然。我们总是认为理性是人类最伟大的地方，是最区别于其他物种的地方，也是人类最成功的地方。通过理性，我们一些人成了最成功和最精致的理性利己主义者，计算变成了算计，似乎一切都可以通过计算、通过方程式加以处理，人类只需要计算机陪伴即可。通过人工智能的方式，一切外部的自然均可以虚拟化地呈现在屏幕上，于是，外在真实的自然变得不需要了。这样被教育出来的后代，没有接触过真实的泥土，不懂得什么是真正意义的家乡，更不懂得真实的生活，他们推理未来，但是他们脱离真实。

观鸟、拍鸟和绘鸟，不一定能够改变上述状态。

但是，首先，通过观鸟、拍鸟和绘鸟，认识或认知更多的鸟类，一定会让我们更加喜欢和热爱鸟类，进而去保护鸟类；其次，通过观鸟、拍鸟和绘鸟，一定会让我们更加深入地、科学地认识鸟类，理解鸟类；懂得鸟类是别样的生命，有自己独特的生活方式与行为，在摆置自己的生活与社会时，也注意尊重鸟类的社会、鸟类的生活方式，给鸟类留出它们可以存在和自由生活的空间。

观鸟、拍鸟和绘鸟，让我们的身心回归自然，让我们热爱自然，让我们用心保护自然，让我们保护自然与人类与其他生命的真实联系。因此，观鸟、拍鸟和绘鸟，也踏踏实实从实践的意义上迈出人与自然"天人合一"关系修复的坚实的第一步。

希望我个人的第一步对于读者是有意义的，有启发的。

# 致谢

　　写作本书，要感谢许多朋友。首先是催生我写作本书念头的在武汉做"自然教育"的朋友们；其次，感谢杨虚杰女士，她很早约稿于我，使得写作本书成为一种任务；感谢清华大学科学史系——我学校的朋友们，在我荣休的时刻，为我举办了名为"行健不息"的拍鸟、绘鸟画展；感谢我的清华鸟友、圆明园鸟友，如谭老师、郭老师等，有不认识的鸟，我经常请教他们，而且他们常常点赞我的"每周绘鸟"，给我很大的动力；也要特别感谢我的家人，他们在家里有了第三代——我的小孙女朵兰的情况下，仍然给了我许多时间去拍鸟和绘鸟。在写作过程中，我的小孙女朵兰，经常陪伴我，看我画鸟，看我写书中的鸟，她很早就会发声叫"鸟"，让我在写作中充满了欣喜与乐趣。

　　最后，还要感谢本书的审稿人与编辑们，他们让本书更为精致、美丽，减少错漏。当然，为本书作序的刘华杰教授，这位博物学哲学的推动者，也是本书成行的推动者，要特别感谢他。

# 参考文献

1. 斯蒂芬·莫斯. 丛中鸟：观鸟的社会史 [M]. 刘天天，王颖，译. 北京：北京大学出版社，2019.

2. 卡特里娜·库克. 鸟类图谱：大师笔下的飞羽世界 [M]. 闻菲，译. 北京：人民邮电出版社，2016.

3. 乔纳森·埃尔菲克. 画笔下的鸟类学 [M]. 许辉辉，译. 北京：商务印书馆，2017.

4. 珍妮弗·阿克曼. 鸟类的天赋 [M]. 沈汉忠、李思琪，译. 南京：译林出版社，2019.

5. 西莉亚·费希尔. 鸟的魔力：一部绚烂的鸟类文化史 [M]. 王晨，译. 北京：北京联合出版公司，2019.

6. 赵欣如. 北京鸟类图鉴 [M]. 2版. 北京：北京师范大学出版社，2014.

7. 赵欣如，卓小利，蔡益. 中国鸟类图鉴 [M]. 太原：山西科学技术出版社，2015.

8. 韩开春. 雀之灵 [M]. 昆明：晨光出版社，2016.

9. 洪琳，邢泓静. Hi，我的鸟儿朋友：观鸟小达人养成记 [M]. 广州：广东科技出版社，2014.

10. 介疾. 楚辞飞鸟绘：古风水彩彩铅手绘技法 [M]. 武汉：湖北美术出版社，2018.